高等职业教育无人机应用技术专业系列教材

U0748682

UNMANNED AERIAL VEHICLE
SURVEYING AND MAPPING TECHNOLOGY

无人机
测绘技术

主　编◎周小明

副主编◎喻思琪　蒋　军

微课版

西安电子科技大学出版社
http://www.xduph.com

内容简介

本书向读者全面介绍了无人机测绘技术的基础知识、无人机测绘数据采集的方法和流程，以及无人机航测数据的生产和流程。此外，还通过案例深入探讨了无人机航测技术的综合创新应用，为读者提供了全面的无人机测绘技术知识和实践应用指导。

本书注重理论与实践相结合，通过丰富的案例和实践经验，详细阐述了如何在实际应用中发挥无人机测绘的优势，如何进行飞行计划和航线设计，如何处理和分析无人机获取的数据等。本书旨在帮助读者更好地掌握无人机测绘的实践技能，提高读者解决实际问题的能力。

本书适合作为各类中等职业学校、高等职业学校、高等职业教育本科学校无人机应用技术及相关专业的教材，也可以供测绘从业人员以及对无人机测绘感兴趣的读者阅读参考。

图书在版编目 (CIP) 数据

无人机测绘技术: 微课版 / 周小明主编. -- 西安: 西安电子科技大学出版社， 2024. 9. -- ISBN 978-7-5606-7433-9

Ⅰ. P231

中国国家版本馆 CIP 数据核字第 2024FN8290 号

策　　划　　明政珠

责任编辑　　雷鸿俊

出版发行　　西安电子科技大学出版社 (西安市太白南路 2 号)

电　　话　　(029) 88202421　88201467　　　　　邮　　编　　710071

网　　址　　www.xduph.com　　　　　　电子邮箱　　xdupfxb001@163.com

经　　销　　新华书店

印刷单位　　陕西天意印务有限责任公司

版　　次　　2024 年 9 月第 1 版　2024 年 9 月第 1 次印刷

开　　本　　787 毫米 × 1092 毫米　1/16　　　　　　　印 张 12

字　　数　　280 千字

定　　价　　50.00 元

ISBN 978-7-5606-7433-9

XDUP 7734001-1

*** 如有印装问题可调换 ***

PREFACE

前　言

在 21 世纪科技浪潮的推动下，无人机测绘技术以其独特的创新性和卓越性，在地理信息领域崭露头角，成为推动行业发展的重要力量。这项技术改变了人们对地理空间信息获取、处理和应用的方式，推动了地理空间领域的进一步应用和发展。

本书作为一本面向专业人士及广大技术爱好者的教材，旨在全面而深入地剖析无人机测绘技术的各个方面。本书通过系统化的章节安排、准确的专业术语以及丰富的案例分析，力求为读者构建一个完整、清晰的知识框架，使读者能够全面了解无人机测绘技术的理论基础、技术原理、应用场景、操作流程以及未来的发展趋势。

在内容编排上，本书不仅涵盖了无人机测绘技术的基本概念、发展历程和关键技术点，还深入探讨了无人机测绘数据采集和航测数据生产等核心内容。同时，为了增强学习的互动性和实践性，本书还精心设计了多个实战案例，通过模拟真实场景下的测绘任务，帮助读者更好地理解和掌握无人机测绘技术的实际应用。

此外，为了满足不同读者的学习需求，本书还配套了丰富的学习资源，包括专业视频教程、动态演示素材、教学 PPT、标准化习题集以及详尽的实训操作指南等，旨在通过多元化的教学手段，促进理论知识与实践技能的深度融合。读者可以根据自己的实际情况和学习进度，灵活选择适合自己的学习资源，从而达到最佳的学习效果。

在本书的编纂过程中，我们得到了来自西安天翼智控教育科技有限公司团队人员的鼎力支持与指导，在此对贺喜佳、邢浩朋、王晓妮、刘佳敏、赵明轩表示衷心感谢。他们凭借深厚的理论功底和丰富的实践经验，为本书提供了宝贵的意见和建议，确保了内容的准确性、权威性和实用性。同时，我们也非常感谢所有参与本书编写和审校的同仁们，他们的辛勤付出和无私奉献是本书得以顺利出版的重要保障。

展望未来，随着无人机测绘技术的不断发展和完善，其在地理信息、城市规划、环境监测、农业管理等领域的应用前景将更加广阔。通过本书的学习，读者将能够全面掌握无人机测绘技术的核心知识和技能，为未来的职业发展奠定坚实的基础。同时，我们也期待广大读者能够积极投身到无人机测绘技术的研究与应用中，共同推动这一领域的持续进步和创新发展。

编　者

2024 年 6 月

CONTENTS

目 录

项目一　无人机测绘技术基础

▶ 知 识 要 点

1. 掌握无人机的系统组成和飞行控制原理；
2. 了解数字图像几何处理和遥感数字图像处理相关原理；
3. 掌握无人机摄影测量制图技术的相关理论知识；
4. 了解无人机航测和遥感作业、遥感信息处理等规范与标准。

▶ 技 能 要 点

1. 能够识别常见的测绘仪器；
2. 能够按照要求对无人机机体、动力系统等设备进行飞行前检查；
3. 能够列举用于无人机测绘任务的软硬件设备。

思 政 要 点

在无人机测绘技术基础的学习与实践中，我们要始终保持对马克思主义、中国特色社会主义的坚定信仰，牢固树立"四个自信"，体现对国家发展方向的认同，为经济、社会发展贡献一份力量。在无人机测绘工作的每一个环节中，我们都应站在全局的高度思考问题，以整体利益为重，服从和服务于国家测绘地理信息事业大局，确保每一项工作都能为国家的整体发展"添砖加瓦"。

教学实施

任务一　无人机基础知识

一、无人机技术发展

1. 无人机发展

1) 国外无人机的发展

1903 年 12 月，莱特兄弟成功实现了人类的第一次飞行。

1917 年 3 月，世界上第一架无人驾驶飞机由英国"AT 计划"研制成功，但最终试飞失败。

1927 年，真正意义上的第一架无人机"喉"式单翼无人机研发成功，并在英国海军"堡垒"号军舰上成功试飞。该机载有 113 kg 炸弹，以 322 km/h 的速度飞行了 480 km。

1933 年 1 月，由"费雷尔"水上飞机改装成的"费雷尔·昆士"无人机试飞成功。此后不久，英国又研制出一种全木结构的双翼无人靶机，命名为"德·哈维兰灯蛾"。1934—1943 年，英国一共生产了 420 架"德·哈维兰灯蛾"无人机，并重新命名为"蜂王"，如图 1-1-1 所示。

无人机技术发展与系统组成

无人机技术发展

图 1-1-1　英国"蜂王"无人机

1918 年 10 月，美国陆军研发的"凯特林飞虫"无人机试飞成功。该机外形颇似普通的双翼机，总重量为 238.5 kg，可携带 82 kg 炸弹，飞行速度达到 88 km/h，如图 1-1-2 所示。

图 1-1-2　美国"凯特林飞虫"无人机

在第二次世界大战中，美国陆军航空队曾大量使用无人靶机，并在太平洋战场上使用了携带重型炸弹的油动活塞式无人机对日军目标进行轰炸。

二战结束后，随着航空技术的飞速发展，无人机家族也逐渐步入鼎盛时期。时至今日，世界上研制生产的各类无人机已达近百种，并且还有一些新型号正在研制之中。随着计算机技术、自动驾驶技术和遥控遥测技术的发展及其在无人机中的应用，加之对无人机战术研究的深入，无人机在军事方面的应用日益广泛，被誉为"空中多面手""空中骄子"。

2) 中国无人机的发展

18 世纪，中国的竹蜻蜓流传到西方国家，西方国家把竹蜻蜓称为"中国螺旋"，如图 1-1-3 所示。

图 1-1-3　中国竹蜻蜓

1959年1月31日，中国第一架由运5运输机改装的无人机成功完成全过程无人飞行，在世界上引起了极大的轰动。这架无人机由北京航空学院研制，被命名为"北京五号"。它从立项到试飞成功只花了8个月。图1-1-4所示为中国第一架无人机"北京五号"。

图1-1-4　中国第一架无人机"北京五号"

1972年11月28日，"长虹一号"无人机首次投放试飞，此次试飞时间为33 min，飞行高度为13 000 m，航程为306 km，速度为700 km/h。整个飞行过程中无人机及地面控制站工作一切正常，并最终在陆地通过伞降回收成功。图1-1-5所示为无人机"长虹一号"。

图1-1-5　无人机"长虹一号"

20世纪90年代初，一些从各省、市航模职业队退出的专业选手开办了航空模型生产企业。由于这些专业选手对航空模型足够了解，他们创办的企业很快成为中国航空模型生产业的骨干，一方面紧随市场潮流研发各种类型的航空模型，另一方面也开始涉足无人机研发制造领域。现如今，全世界80%的航空模型或者相关零部件、设备都由中国企业生产，这也带动了中国航空模型产业乃至无人机的发展。

　　中国航空工业的厚积薄发，使中国无人机技术达到了世界一流水平。如今，中国是除了美国之外，唯一能够完成侦察打击一体化无人机系统研发生产的国家。国产侦察打击一体化无人机在战术技术指标上与美国"捕食者"无人机相差无几。图 1-1-6 所示为"彩虹 -4"无人机。

图 1-1-6　"彩虹 -4"无人机

2. 无人机应用

　　近年来，无人机全球市场规模大幅增长。无人机现已成为商业、政府和消费应用的重要工具，能够支持诸多领域的解决方案，除了被广泛应用于物流运输、农业植保、安防救援、工程巡检、地理测绘等领域，其在网络直播等商业领域的应用也日益显著。

无人机应用

　　1) 物流运输

　　不同于传统的公路、铁路运输，无人机物流运输优势明显。无人机物流运输能有效避免交通堵塞、规避危险地形，更为快捷、高效、安全，尤其是在山区，它比传统物流能节省更多时间和成本。此外，无人机物流运输能减少对人力资源的依赖。

　　2) 农业植保

　　无人机农业植保包括农药喷洒、种子播撒、巡逻监视、病虫监察等。无人机农业植保单位面积施药液量小，无需专用起降机场，机动性好，植保作业效率更高，植保成本更低，植保过程更加安全精准，植保的效果更优良。

　　3) 安防救援

　　无人机安防救援包括刑侦反恐、治安巡逻、应急救援等具体应用。在突发救援任务中，无人机能有效规避地面障碍，快速准确地到达指定现场，利用热成像仪等高新技术把实时信息回传给指挥中心，为指挥人员决策提供依据。无人机安防救援相较传统的安防手段，具有成本低、灵活性强、安全性高、受自然环境及地形影响较小、视角更优等特点。

4）工程巡检

无人机工程巡检包括建筑外墙巡检、电力巡检、基站巡检、石油管线巡检、河道巡检等具体应用。在日常巡检中，无人机巡检具有覆盖范围广、数据收集精准、操作灵活、安全性高和效率显著提升等优势。这些优势使得无人机巡检成为现代巡检工作中不可或缺的重要工具。

5）地理测绘

在抢险、科研、教育、智慧农业、智慧城市、勘察、场景巡检等应用中，测绘是关键的一环。传统人力测绘制作地图通常需要数天甚至几周的时间，无人机测绘效率是传统人工方式的 5～10 倍，可以大量减少实施任务的时间，具有效率高、成本低、数据精确、操作灵活、测量侧面信息可用等特点。

6）网络直播

无人机的加入，给网络直播带来了全新的拍摄视角。随着 5G 网络技术的日趋成熟，依托于高速网络的无人机 VR 直播将会广泛应用于体育赛事、文艺演出等大型活动直播以及广告、新闻、电影等商业活动拍摄中，给观众带来更强的视觉体验。

二、无人机系统组成

随着无人机性能的不断完善，能够执行复杂任务的无人机系统通常包括以下分系统。

1. 无人飞行器分系统

无人飞行器分系统是执行任务的载体，它能携带遥控遥测设备和任务设备到达目标区域完成指定任务。其主要包括机体、动力装置、飞行控制与管理设备等。

2. 任务设备分系统

任务设备分系统用于完成侦察、校射、电子对抗、通信中继、对目标的攻击和充当靶机等任务。其主要包括战场侦察校射设备、电子对抗设备、通信中继设备、攻击任务设备、电子技术侦察设备、核生化探测设备、战场测量设备、靶标设备等。

无人机系统组成

3. 测控与信息传输分系统

测控与信息传输分系统通过上行信道实现对无人机的遥控，通过下行信道完成对无人机状态参数的遥测并传回侦察获取的情报信息。该系统主要包括无线电遥控 / 遥测设备、信息传输设备、中继转发设备等。

4. 指挥控制分系统

指挥控制分系统能够完成指挥、作战计划制定、任务数据加载、无人机地面和空中工作状态监视和操纵控制，以及飞行参数和情报数据记录等任务。该系统主要包括飞行操纵与管理设备、综合显示设备、地图与飞行航迹显示设备、任务规划设备、记录与回放设备、

情报处理与通信设备、其他情报和通信信息接口等。

5. 发射与回收分系统

发射与回收分系统用来完成无人机的发射（起飞）和回收（着陆）任务。该系统设备主要是指与发射（起飞）和回收（着陆）有关的设备或装置，如发射车、发射箱、助推器、起落架、回收伞、拦阻网等。

6. 保障与维修分系统

保障与维修分系统主要完成系统的日常维护，以及无人机的状态测试和维修等任务。该系统主要包括基层级和基地级保障维修设备等。

三、无人机飞行与控制

1. 遥控器基础知识

无人机飞行操控根据驾驶员操作习惯不同，分为美国手和日本手等，如图 1-1-7 所示。美国手即左边的操纵杆用来控制无人机的油门和方向舵，右边的操纵杆用来控制无人机的升降舵和副翼；日本手则是左边的操纵杆用来控制升降舵和方向舵，右边的操纵杆用来控制油门和副翼。

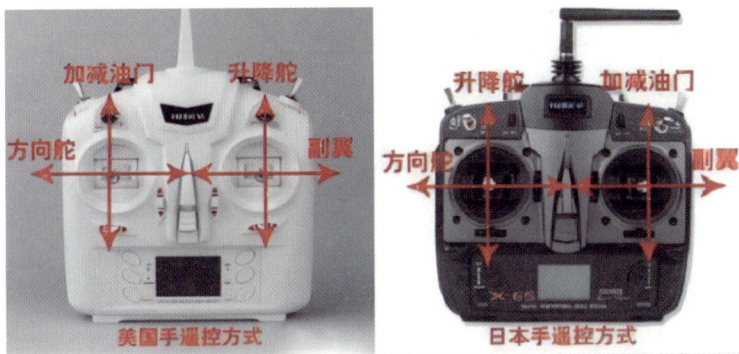

无人机飞行控制与安全飞行规范

遥控器基础知识

图 1-1-7 美国手和日本手遥控方式

4 个舵面的含义如下：

(1) 副翼控制飞行器的左右平移运动，机头不偏转，飞行器绕自身纵轴旋转。

(2) 升降舵控制飞行器的前后平移运动，飞行器绕自身横轴旋转。

(3) 油门控制飞行器的上下平移运动，飞行器离地的高度发生变化。

(4) 方向舵控制飞行器的偏航旋转运动，飞行器绕自身立轴旋转。

2. 多旋翼无人机飞行操控

以四轴多旋翼无人机为例，介绍多旋翼无人机飞行操控。

无人机的动作是通过改变一个或多个旋翼的转速而完成，因此，需要高性能的电子计算装置（飞控）来进行精密的计算。此外，无人

多旋翼无人机的飞行操控原理

机的加速器和陀螺仪可以对每个旋翼进行微调，从而进一步提高飞行的简易性和稳定性。飞行操控原理如图 1-1-8 所示。

(1) 方向：通过反扭矩来控制机头朝向，相对的两个电机加速或减速使飞机变换方向。

(2) 高度：通过螺旋桨转速快慢控制无人机的高度，当无人机上升时，四个电机会同时保持加速状态；悬停时，四个电机的转速保持不变。

(3) 移动：通过增加或者减小一侧无人机螺旋桨转速来控制飞机的飞行，当无人机前进时，后面的两个电机加速，前面的两个电机减速。

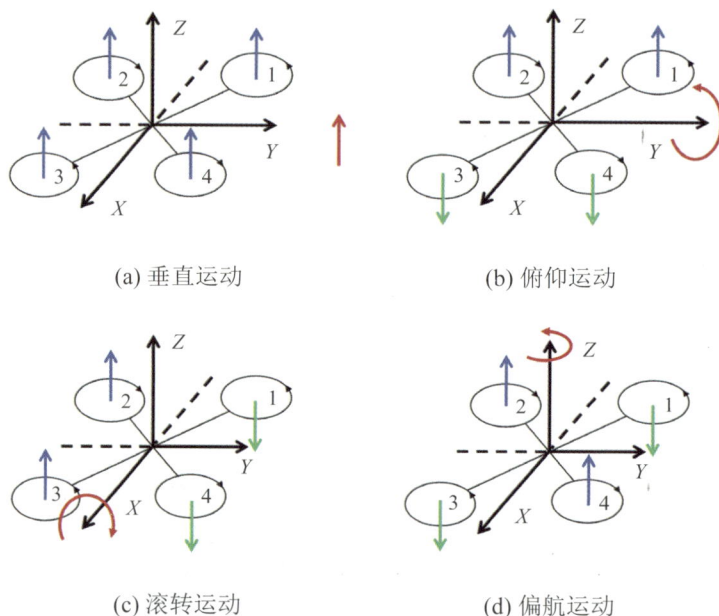

(a) 垂直运动　　　　　　　　　　(b) 俯仰运动

(c) 滚转运动　　　　　　　　　　(d) 偏航运动

图 1-1-8　飞行操控原理

四、无人机安全飞行规范

无人机安全飞行规范包括以下几方面：

1. 飞行前准备要素

飞行无小事，安全对于飞行来说十分重要，每次飞行前的检查工作必不可少。在飞行前，需要对无人机机体、动力系统等设备进行检查，提前选择适合飞行的区域及空域进行报备，还需要提前了解执行任务地点的天气情况，避免在极端的天气环境下执行任务，以确保飞行安全。

多旋翼机务
检查流程

1) 机体检查

机体检查主要包括以下内容：

(1) 机体上各紧固螺钉有无松动缺失；

(2) 螺旋桨有无裂纹暗伤；

(3) 电子设备传感器等是否牢固地粘在机体上，GPS 天线有无歪斜晃动等；

(4) 电线有无破损、露出铜线现象；

(5) 橡胶件有无老化龟裂；

(6) 连接插件是否牢固接合、有无接触不良甚至短路现象。

2) 动力电池检查

无人机动力电池检查主要包括以下内容：

(1) 每次飞行前必须用测电器检测动力电池电量是否充足；

(2) 电池外观有无变形胀气现象；

(3) 电池插头有无因打火造成烧蚀的现象。

2. 飞行中注意事项

1) 飞行区域的选择

飞行区域的选择要注意以下 4 点内容：

(1) 飞行区域应比较空旷，无遮挡操作者视线的树林、建筑和广告牌等；

(2) 在人员密集的飞行区域执行任务时需要避免与人或车近距离接触，特别是在某些人员密集的广场、会场等进行航拍飞行时；

(3) 法律法规禁止飞行的区域，如部队、政府机关、高速公路、高压输电线路及航空机场和军队航空场站等，这些地域都属于严禁飞行区域；

(4) 有电磁干扰的区域，如变电站、各种指挥中心附近，以及装有特殊器材设备的区域，飞行活动被严格禁止，以确保安全，防止意外事件的发生。

无人机安全
飞行注意事项

2) 天气的选择

天气选择要注意以下 4 点内容：

(1) 无人机体积小、重量轻，受风的影响比较大，需要在一个气流相对平静的空中飞行，一般来讲，大于 4 级风就不适宜进行飞行活动；

(2) 由于无人机的电子设备大多暴露在外面，所以雨天不能飞行，特别是雷雨天气更是严禁飞行的；

(3) 夏季高温和烈日暴晒会造成一些设备由于温度过高而性能下降甚至停止工作；

(4) 冬季气温过低会造成电池供电不畅、塑胶材料变脆等。

以上是飞行时的安全注意事项，我们需要对飞行中的安全隐患有一定的预见性，才能高效安全地完成飞行活动和工作。

任务二　测绘基础知识

一、测绘概述

测绘概述

1. 测绘概念

测绘是指使用测量仪器对自然地理要素或者地表人工设施的形状、大小、空间位置及其属性等数据进行测定、采集，并绘制成图。

2. 常用术语

1) 大地水准面

大地水准面是指一个假想的、与处于流体静平衡状态的海洋面（无波浪、潮汐、海流和大气压变化引起的扰动）重合并延伸向大陆内部且包围整个地球的重力等位面，如图1-2-1 所示。

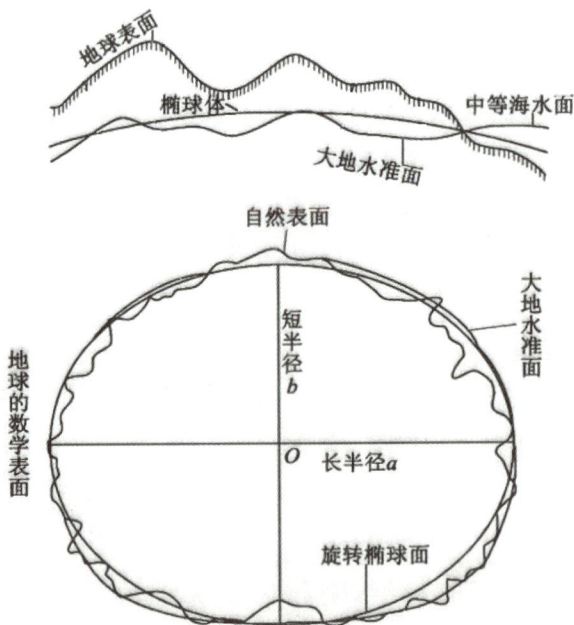

图 1-2-1　大地水准面

2) 大地基准

大地基准是大地坐标系的基本参照依据，包括参考椭球参数和定位参数以及大地坐标的起算数据。

3) 参考椭球

参考椭球是一个国家或地区为处理测量成果而采用的一种与地球大小、形状最接近并具有一定参数的地球椭球。

4) 参考椭球面

参考椭球面是具有一定参数、定位和定向的地球椭球面，如图 1-2-2 所示。

5) 地心坐标系

地心坐标系是以地球质心为原点建立的空间直角坐标系，或以球心与地球质心重合的地球椭球面为基准面建立的大地坐标系，如图 1-2-3 所示。

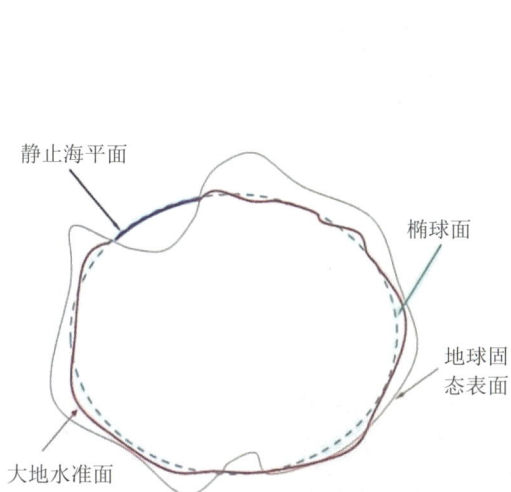

图 1-2-2　参考椭球面

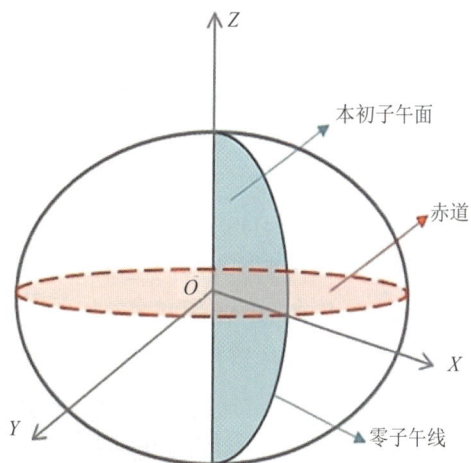

图 1-2-3　地心坐标系

6) 地图比例尺

地图比例尺是地图上某一线段的长度与地面上相应线段水平距离之比。

7) 数字正射影像图

数字正射影像图 (Digital Orthophoto Map，DOM) 是对航空航天像片进行数字微分纠正和镶嵌，按一定图幅范围裁切生成的数字正射影像集。它同时具有地图几何精度和影像特征，具有良好的可判读性和可量测性，如图 1-2-4 所示。

图 1-2-4　数字正射影像图示例

8) 数字高程模型

数字高程模型 (Digital Elevation Model，DEM) 是以高程表达地面起伏形态的数字集合，如图 1-2-5 所示。通过该模型可制作透视图、断面图，进行工程土石方计算、表面覆盖面积统计，以及与高程有关的地貌形态分析、通视分析、洪水淹没区分析。

图 1-2-5   数字高程模型示例

9) 数字表面模型

数字表面模型 (Digital Surface Model，DSM) 是指包含了地表建筑物、桥梁和树木等高度的地面高程模型，如图 1-2-6 所示。DEM 只包含了地形的高程信息，并未包含其他地表信息；DSM 是在 DEM 的基础上，进一步涵盖了除地面以外的其他地表信息的高程模型，主要应用在一些对建筑物高度有需求的领域。

图 1-2-6   数字表面模型示例

10) 数字栅格地图

数字栅格地图 (Digital Raster Graphic，DRG) 是纸制地形图的栅格形式的数字化产品，可作为背景参照图像，用于其他空间信息的参考与分析，可用于数字线划地图的数据采集、评价与更新，还可与 DOM、DEM 等数据集成，派生出新的可视信息。

11) 数字线划地图

数字线划地图 (Digital Line Graph，DLG) 是以矢量数据格式存储的数字地图。它可以方便地实现空间数据和属性数据的管理、查询和空间分析以及制作各种精细的专题地图，可用于建设规划、资源管理、投资环境分析等各方面，同时也可作为人口、资源、环境、交通、治安等各专业信息系统的空间定位基础。数字线划地图示例如图 1-2-7 所示。

12) 4D 复合模式地图

4D 复合模式地图是将数字正射影像图、数字高程模型、数字栅格地图、数字线划地图等 4D 产品中的任意两种或几种模式，通过融合生成的叠加地图产品。

图 1-2-7　数字线划地图示例

13) 激光点云模型

激光点云模型是指通过海量点集合来表示空间内物体的坐标和分布的一种模型,通过在空间中绘制出大量的点,并用这些点来形成数据集合,从而建立起三维模型来表示空间的表面特性。激光点云模型示例如图 1-2-8 所示。

图 1-2-8　激光点云模型示例

14) 三维模型

三维模型是物体的多边形表示,通常用计算机或者其他视频设备进行显示。显示的物体可以是现实世界的实体,也可以是虚构的物体。任何物理自然界存在的东西都可以用三维模型表示,三维模型示例如图 1-2-9 所示。

图 1-2-9　三维模型示例

3. 测绘分类

测绘包括大地测量、普通测量、摄影测量、工程测量、海洋测绘和地图制图等类型，具体介绍如下。

1) 大地测量

大地测量是指确定地面点位、地球形状大小和地球重力场的精密测量，主要研究和测定地球形状和大小、空间目标坐标和方位，以及地壳变形等内容。图 1-2-10 为测绘团队在进行大地测量。

图 1-2-10　大地测量现场照片

2) 普通测量

普通测量指在地球表面局部区域内使用经纬仪、水准仪、卷尺、测距仪、全站仪等基础测量仪器进行控制测量和地形图测绘的基本测量工作。进行测绘时无须考虑地球曲率，把它当作平面处理不会影响测图精度。

3) 摄影测量

摄影测量是指利用摄影机或其他传感器采集被测物体的图像信息，经过加工处理和分析以确定测定目标物的形状、大小、空间位置、性质和相互关系的科学技术。摄影测量示意图如图 1-2-11 所示。

图 1-2-11　摄影测量示意图

4) 工程测量

工程测量是指在工程建设中的规划设计、施工建设、运营管理等阶段需要为工程建设提供精确的测量数据和大比例尺地图而进行的测量工作，以保证工程正常运行。图 1-2-12 为工程测量场景。

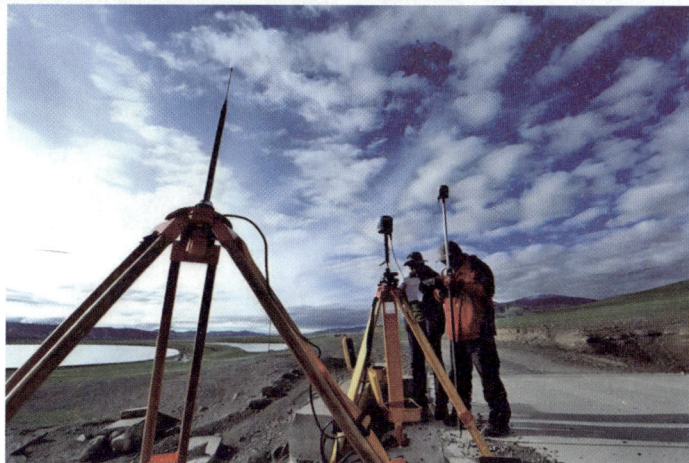

图 1-2-12　工程测量场景

5) 海洋测绘

海洋测绘是指以海洋水体和海底为对象进行的测量和海图编制工作，主要包括测定海洋大地水准面和平均海面、海底和海面地形、海洋重力以及海洋磁力、海洋环境等自然和社会信息的地理分布以及编制各种海图等工作，为舰船航行安全以及海洋工程建设提供保障。海洋测绘场景如图 1-2-13 所示。

图 1-2-13　海洋测绘场景

6) 地图制图

地图制图是指利用数据处理将地球表面的地理信息以模拟的 2D 纸质地图、数字 3D 模型、动画等可视化图形形式表达的过程。地图制图学主要是研究地图的编制、制作与应用的一门学科，运用地图图形来反映自然界和人类社会各种现象的空间分布、相互联系及动态变化。地图制图示例如图 1-2-14 所示。

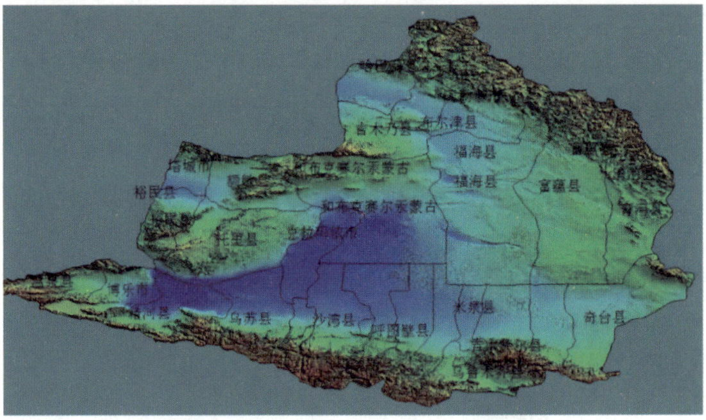

图 1-2-14　地图制图示例

4. 测绘工作流程

测绘工作流程包括以下 5 个步骤:

1) 前期准备

测绘工作前期准备包括资料搜集、监测设备调试及测线设计。首先, 广泛搜集与测绘区域相关的已有资料, 如地图、卫星图像和地质报告等, 为后续的测绘工作提供基础数据和信息。然后, 对即将使用的测绘设备进行调试和校准, 确保其精度和稳定性满足测绘要求, 以保证测量结果的准确性。最后, 根据测绘目的和区域特点, 设计合理的测线, 确保测绘数据的完整性和代表性, 为整个测绘流程的顺利进行奠定坚实的基础。

测绘工作流程

2) 测绘实施

测绘实施是对自然地理要素或地表人工设施进行测定的工作。在测绘工作实施过程中, 首先对测绘区域进行实地踏勘, 深入了解地形地貌、植被覆盖及人工设施等情况, 为后续测量作业提供翔实的现场信息。然后, 运用先进的测量仪器对自然地理要素 (如山体和水系) 以及地表人工设施 (如建筑物和道路) 进行精确测定, 并详细记录测量数据, 以确保测绘结果的准确性和可靠性。

3) 数据处理

在数据处理阶段, 首先对采集到的原始数据进行整理, 仔细检查数据的完整性和准确性, 确保数据基础坚实可靠。然后, 利用专业的数据处理软件或工具, 对测量数据进行深入的计算和分析, 提取出关键且有用的信息。最后, 对处理后的数据进行严格的质量检查, 一旦发现不符合要求的数据, 立即进行修正或重新测量, 以确保最终数据成果的精确性和可靠性。

4) 图形绘制

图形绘制是根据比例尺设计图幅进行地形图绘制的工作。在图形绘制环节, 首先根据测绘区域的大小和所需的精度要求, 精确确定合适的比例尺。然后, 结合比例尺和区域特色, 精心设计图幅的大小和布局, 以确保地形图能够清晰、准确地反映测绘区域的实际情况。最后, 利用先进的绘图软件或采用手工绘图方法, 依据处理后的精确数据和设计好的图幅，进行地形图的绘制，力求呈现真实且详尽的地形地貌信息。

5) 成果提交

成果提交包括资料整理、汇编和提交。在测绘工作的最后阶段，首先对测绘过程中产生的所有资料进行全面整理，这包括原始测量数据、处理后的数据以及绘制的地形图等。然后，将整理好的资料进行系统的汇编，形成一份完整且详尽的测绘报告或成果集，以便清晰地展示测绘工作的全貌和成果。最后，将测绘成果提交给相关部门或客户，以供其使用或验收，确保测绘工作的成果能够得到有效的应用。

二、常见的测绘仪器

在测绘工作中，不同的仪器扮演着不同角色，它们各自具有独特的功能和应用领域。通过了解这些测绘仪器的特点和使用方法，能够更准确地进行地形测量、地图绘制和工程建设等工作。下面将逐一介绍这些常见的测绘仪器，以便更好地了解它们在测绘实践中的重要作用。

常见测绘仪器

1. 经纬仪

经纬仪是一种根据测角原理设计的测量水平角和竖直角的精密测量仪器，如图 1-2-15 所示。根据度盘刻度和读数方式的不同，经纬仪可分为电子经纬仪和光学经纬仪。经纬仪构造复杂且精细，具体而言，经纬仪由望远镜制动螺旋、望远镜、望远镜微动螺旋、水平制动、水平微动螺旋、脚螺旋、光学瞄准器、物镜调焦、目镜调焦、度盘读数显微镜调焦、竖盘指标管水准器微动螺旋、光学对中器、基座圆水准器、仪器基座、竖直度盘、垂直度盘照明镜、照准部管水准器、水平度盘位置变换手轮等组成。

常见测绘仪器
（动画）

2. 水准仪

水准仪是通过建立水平视线测定地面两点间高差的仪器，如图 1-2-16 所示。水准仪按结构可分为微倾水准仪、自动安平水准仪、激光水准仪和数字水准仪，按精度可分为精密水准仪和普通水准仪。水准仪的核心部件包括望远镜、管水准器、垂直轴、基座、脚螺旋等。

图 1-2-15 经纬仪

图 1-2-16 水准仪

3. 平板仪

平板仪是野外碎部测量的一种传统仪器，它能同时测定地面点的平面位置和点间高差。平板仪测量是利用图解测量原理进行地形图的测绘。平板仪如图 1-2-17 所示。平板仪按其照准仪和基座的结构不同可分为大平板仪和小平板仪。其中，大平板仪是平板仪测量的主要仪器，由平板、照准仪、基座、方框罗盘、对点器和独立水准器等组成。而小平板仪主要用于碎部测图，由小平板、照准仪、基座以及方框罗盘、对点器和独立水准器等组成，通常与经纬仪配合用于瞄画方向线，也可单独使用。

4. 电磁波测距仪

电磁波测距仪是采用电磁波为载波的测量距离的仪器，如图 1-2-18 所示。电磁波测距仪按测距原理可分为脉冲法测距仪和相位法测距仪，按载波可分为微波测距仪和光电测距仪。电磁波测距仪作为现代测绘技术中不可或缺的重要工具，已广泛用于控制、地形和施工放样等测量中，有效提高了外业工作效率和量距精度。

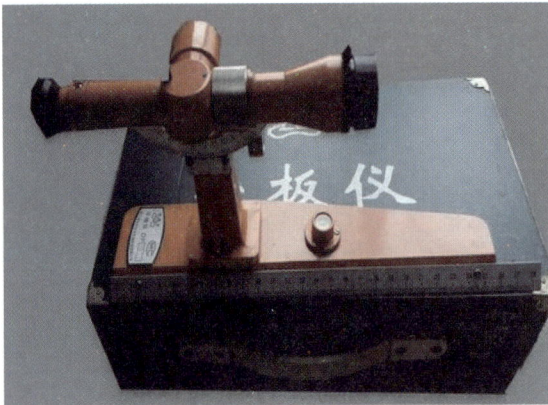

图 1-2-17　平板仪

图 1-2-18　电磁波测距仪

5. 全站仪

全站仪即全站型电子测距仪，是一种集光、机、电为一体的高技术测量仪器，是集水平角、垂直角、距离（斜距、平距）、高差测量功能于一体的测绘仪器系统，如图 1-2-19 所示。全站仪按其外观结构可分为积木型和整体型两类，按测量功能可分为经典型全站仪、机动型全站仪、无合作目标型全站仪和智能型全站仪四类，按测距仪测距还可以分为短距离测距全站仪、中测程全站仪和长测程全站仪三类。全站仪几乎可以用于所有的测量领域。其主要由电源部分、测角系统、测距系统、数据处理部分、通信接口、显示屏、键盘等组成。

图 1-2-19　全站仪

6. 陀螺经纬仪

陀螺经纬仪是指带有陀螺装置用来测定直线真北方位角的经纬仪，由陀螺仪、经纬仪和三脚架组成，如图 1-2-20 所示。它利用陀螺仪本身的定轴性和进动性，采用金属带悬挂重心下移的陀螺灵敏部来测量地球自转角速度水平分量，在重力作用下产生一个向北的力矩，使陀螺仪主轴围绕地球子午面往复摆动，从而测定真北方位角。陀螺经纬仪测定真北方位角简单迅速且不受时间制约，常被广泛应用于矿山测量、工程测量和军事测绘中，也是雷达天线定向、无人机飞行定向、火炮和远程武器发射定向的重要配套设备。

7. 激光测距仪

激光测距仪是指利用调制激光的某个参数来实现对目标距离测量的仪器，测量范围为 3.5 ～ 5000 m，如图 1-2-21 所示。激光测距仪按照测距方法分为相位法测距仪和脉冲法测距仪，按照测量距离分为手持激光测距仪和望远镜式激光测距仪。激光测距仪应用十分广泛，涵盖了地形测量、战场测量、军事目标测距、云层高度测量、飞机高度测量、导弹高度测量和人造卫星高度测量等。

图 1-2-20　陀螺经纬仪

图 1-2-21　激光测距仪

8. 液体静力水准仪

液体静力水准仪亦称水管式测斜仪，是利用连通管液体静力平衡测定两点间微小高差的仪器，如图 1-2-22 所示。液体静力水准仪主要由两个相同的测管和连通管组成，常用于监测地铁、高铁、隧道、危楼、桥梁等建筑物的沉降位移。

图 1-2-22　液体静力水准仪

9. 摄影经纬仪

摄影经纬仪是一种在地面摄影测量中用于摄取立体像对的野外作业仪器，如图 1-2-23 所示。摄影经纬仪主要由照相系统、定向装置和转动系统组成，主要用于地形摄影测量或远距离的非地形摄影测量。

10. 正射投影仪

正射投影仪是应用分带纠正原理，将中心投影的航摄像片变换成地面正投影像片和制作正射投影影像地图的仪器。它可以联机或脱机作业，主要用于将中心投影的航摄像片变换为规定比例尺的正射相片，如图 1-2-24 所示。正射投影仪一般分为光学投影和电子投影两类。

图 1-2-23　摄影经纬仪

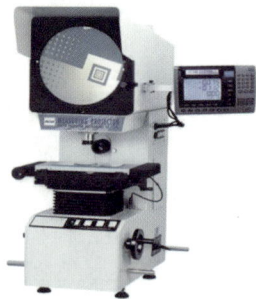

图 1-2-24　正射投影仪

三、数字图像处理

数字图像处理是指利用计算机或其他实时的硬件处理技术对经过空间采样和幅值量化后的图像进行处理，因而又被称为计算机图像处理。数字图像处理效果如图 1-2-25 所示。

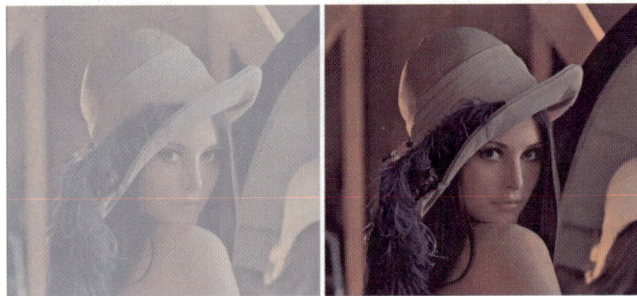

数字图像处理

(a) 处理前　　　　　　　(b) 处理后

图 1-2-25　数字图像处理效果

数字图像处理主要分为图像信息的获取、存储、传送、处理、输出和显示几个方面。

1. 图像信息的获取

图像信息的获取是指通过摄取图像、光电转换及数字化等操作把图像转换成适合输入计算机或数字设备的数字信号的过程。

2. 图像信息的存储

图像信息的存储是指利用数据压缩、图像格式及图像数据库等技术将海量数据在移动硬盘、磁盘或光盘等设备上进行存储。

3. 图像信息的传送

图像信息的传送可分为系统内部传送与远距离传送。内部传送是指在计算机系统的不同设备间交换图像数据。为了解决速度问题，多采用 DMA(Direct Memory Access，直接内存访问) 技术。DMA 允许设备直接与内存进行数据传输，无须通过 CPU，从而大大提高了数据传输的效率。外部远距离传送则主要面临的是占用带宽问题，即如何在有限的网络带宽内高效地传输大量的图像信息。目前，由于光纤和其他宽带技术的发展，这一问题正在迅速得到改善。

4. 图像信息的处理

图像信息的处理又称影像处理，是用计算机对图像进行分析和处理以达到所需结果的技术。图像信息处理主要包括几何处理、算术处理、图像增强、图像复原、图像重建、图像编码、图像识别、图像理解等内容。具体内容如下。

1) 几何处理

几何处理主要包括坐标变换，图像的放大、缩小、旋转、移动，多个图像配准、全景畸变校正、扭曲校正，周长、面积、体积计算等。

2) 算术处理

算术处理主要是对图像施以加、减、乘、除等运算，针对像素点进行处理，最常见的是医学图像的减影处理。

3) 图像增强

图像增强主要是针对给定图像的应用场合，增强图像中的有用信息，同时减弱或去除不需要的信息，将原来不清晰的图像变得清晰，或突出其中感兴趣的特征，进而改善图像的视觉效果。图像增强的主要技术有直方图增强、伪彩色增强法、灰度窗口等。

4) 图像复原

图像复原的主要目的是去除干扰和模糊，恢复已退化图像的本来面目。图像复原和图像增强存在类似的地方，都是为了提高图像的整体质量。但是图像复原更侧重于去除图像中的模糊部分以还原图像的本真，图像的模糊部分通常是由透镜散焦、相对运动、大气湍流以及云层遮挡等因素导致的，可用微纳滤波、逆滤波、同态滤波等方法加以去除。

5) 图像重建

图像重建是将物体外部测量的数据经数字处理，获得三维物体的形状信息的技术。几何处理、图像增强、图像复原等都是从图像到图像的处理，输入的原始数据是图像，处理后输出的也是图像，而图像重建则是从数据到图像的处理，即输入的是数据，处理后得到的是图像。图像重建技术早期应用在放射医疗设备中，后逐渐在许多领域获得应用。值得一提的是，三维重建算法的发展使得生成的图像具有更强的真实感，同时三维重建技术也是虚拟现实和可视化技术的基础。

6) 图像编码

图像编码也称图像压缩，是指在满足一定图像质量的前提下，以较少比特数表示图像或图像中所包含信息的技术。图像编码研究属于信息论中信源编码范畴，其主要宗旨是利用图像信号的统计特性及人类视觉的生理学及心理学特性对图像信号进行高效编码，研究数据压缩技术，以解决数据量大的矛盾。一般来说，图像编码的目的是减少数据存储量；降低数据率以减少传输带宽；压缩信息量，便于特征抽取，为识别做准备。

7）模式识别

随着计算机和人工智能技术的发展，模式识别在图像处理中的应用日益广泛。在图像处理中的模式识别任务主要有图像分割、特征提取、图像识别和带有生物医学信息的识别技术，如人脸识别等。模式识别方法大致有统计识别法、句法结构模式识别法和模糊识别法三种。统计识别法侧重于特征，句法结构模式识别侧重于结构和基元，模糊识别法是把模糊数学的一些概念和理论用于识别处理，充分考虑人的主观概率，同时也考虑了人的非逻辑思维方法及人的生理、心理反应。

8）图像理解

图像理解也叫景物理解，是对图像的语义理解，是由模式识别发展起来的方法。它研究图像中有什么目标、目标之间的相互关系、图像场景以及如何应用场景。图像理解输入的是图像，输出的是一种描述。这种描述并不仅是单纯地用符号做出详细的描绘，而是利用客观世界的知识使计算机进行联想、思考及推论，从而理解图像所表现的内容。

9）图像的输出与显示

图像处理的最终目的是为人或机器提供一幅更便于解释和识别的图像。因此，图像输出也是图像处理的重要内容之一。图像输出包括显示输出、打印输出，也可以输出到Internet上的其他设备。图像输出的方式主要有显示观看、制成胶片、打印成图片、刻录成光盘以及远距离传送五种。图像显示一般有直接在计算机上显示、输出到电视机上显示、投影在屏幕上显示三种显示方法。

5. 数字图像处理的特点

数字图像处理与传统的模拟图像处理相比，具有以下优点：

1）精度高

在模拟图像处理中，要想使精度提高一个数量级，就必须对处理装置进行大幅度改进。但在数字图像处理中，不管是多大图像的处理，对计算机程序来说其处理方法都相同，只需改变数组的参数，增加图像像素数使处理图像变大即可，从原理上讲，处理多高精度的图像都是可行的。

2）再现性好

在模拟图像处理过程中，图形会因为各种因素干扰而无法保持图像的再现性。数字图像处理只在计算机内部进行处理，数据不会丢失或遭到破坏，图像质量不会因图像的存储、复制或传输等一系列变换操作而退化，保持了完好的再现性。

3）灵活通用

数字图像处理具有通用性和灵活性，在可视图像和不可见光成像的处理上都是采用同样的方法，把图像信号直接进行变换或记录成照片。另外，对处理程序加以改变后可进行上下滚动、漫游、拼图、合成、变换、放大、缩小和逻辑运算等各种处理。

6. 数字图像处理的应用领域

图像是人类获取和交换信息的主要来源之一。随着计算机技术的

数字图像处理的
应用领域

发展，数字图像处理技术的应用越来越广泛，涉及人类生活和工作的诸多领域，主要有以下方面：

1) 航空航天领域

数字图像处理在航空航天领域中的应用主要涉及图像畸变的自动校正、分析和遥感图像处理、资源和矿藏勘探、国土规划和灾害调查、农业规划和农作物估产、气象预报以及军事目标监视等，如图 1-2-26 所示。

图 1-2-26　数字图像处理在航空航天领域的应用

2) 军事和公安领域

数字图像处理在军事领域主要用于导弹的精确制导、各种侦察照片的判读、自动化指挥系统的图像传输、模拟训练等，在公安领域主要用于实时监控、案件侦破、指纹识别、人脸鉴别、虹膜识别、交通流量监控、事故分析、银行防盗等，如图 1-2-27 所示。

图 1-2-27　数字图像处理在军事和公安领域的应用

3) 生物医学领域

数字图像处理在生物医学领域主要用于临床诊断、病理研究、医用显微图像的处理分析等方面，大大提高了疾病的诊断及治疗水平，减轻了病人的痛苦，如图 1-2-28 所示。

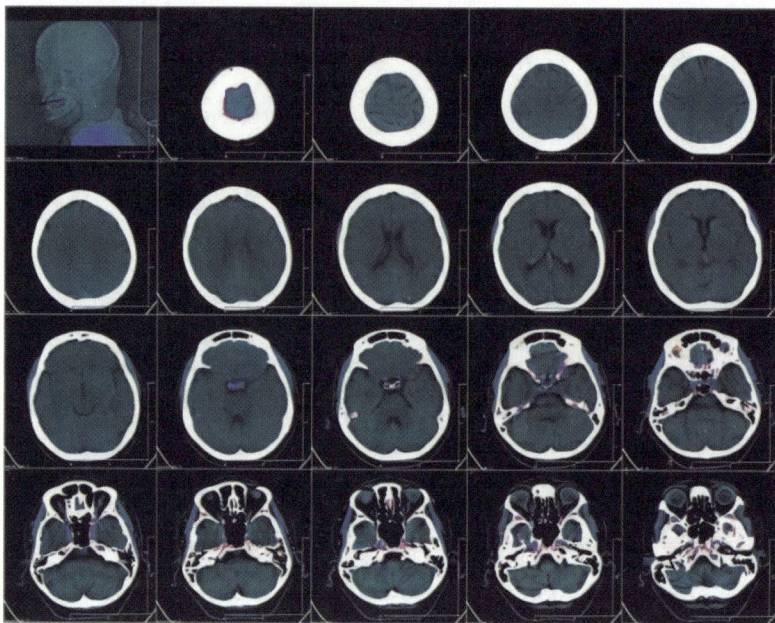

图 1-2-28　数字图像处理在生物医学领域的应用

4) 工业工程领域

数字图像处理技术被有效地应用于工业生产中，如自动装配线零件质量检测、零件分类、印刷电路板疵病检查、弹性力学照片的应力分析、流体力学图片的阻力和升力分析、邮政信件的自动分拣等，如图 1-2-29 所示。

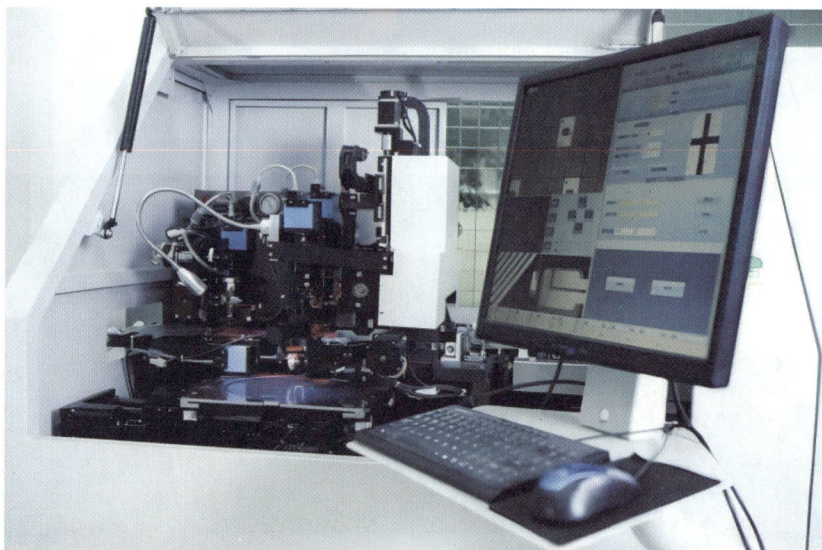

图 1-2-29　数字图像处理在工业工程领域的应用

5) 通信领域

通信的主要发展方向是声音、文字、图像和数据相结合的多媒体通信，其中图像通信最为复杂和困难，要将数量巨大的图像数据高速、实时传送出去，必须采用压缩编码技术进行图像处理，如图 1-2-30 所示。

图 1-2-30　数字图像处理在通信领域的应用

6) 文化艺术领域

数字图像处理在电影和电视画面的数字编辑、动画制作、纺织工艺品设计制作、服装和发型设计、珍贵文物资料的复制和修复、运动员动作分析和评分、数字博物馆等文化艺术领域的应用广泛，如图 1-2-31 所示。

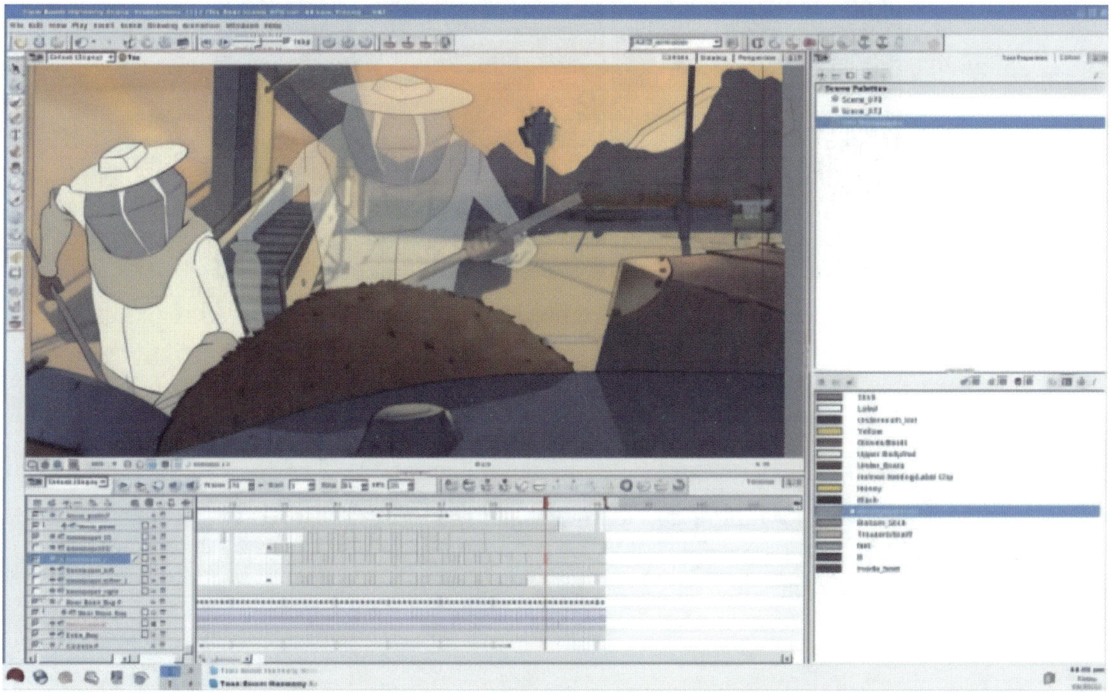

图 1-2-31　数字图像处理在文化艺术领域的应用

7) 机器视觉

机器视觉作为智能机器人的"重要感觉器官"，主要用于军事侦察、危险环境的自主机器人，智能服务机器人、装配线工件识别和定位等三维景物理解与识别的场合，如图 1-2-32 所示。

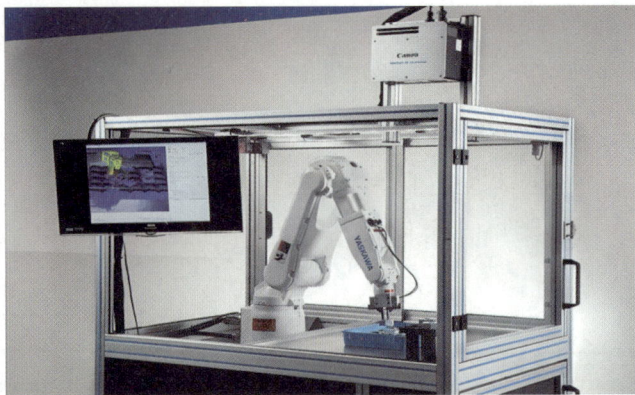

图 1-2-32　数字图像处理在机器视觉领域的应用

8) 电子商务领域

在电子商务领域，数字图像处理被广泛用于身份认证、产品防伪、水印技术和办公自动化等场合，如图 1-2-33 所示。

图 1-2-33　数字图像处理在电子商务领域的应用

任务三　无人机测绘基础知识

一、无人机航摄基本知识

1. 无人机航摄定义

无人机航空摄影是以无人驾驶航空器为空中平台，搭载数据采集

无人机航摄
基本知识

设备，如高分辨率 CCD(Charge Coupled Device，电荷耦合器件) 数码相机、轻型光学相机、红外扫描仪、激光扫描仪、磁测仪等，获取图像信息，用计算机对图像信息进行处理，并按照一定精度要求制作成果文件。无人机技术系统是集成了高空拍摄、遥测技术、影像捕获、无线通信 (包括微波传输等) 和计算机影像信息处理等的新型应用技术。图 1-3-1 为无人机航摄效果。

图 1-3-1 无人机航摄效果

2. 无人机航摄特点

无人机航摄影像具有高清晰度、大比例尺、小面积、高时效性等优点，特别适合获取带状地区 (公路、铁路、河流、水库、海岸线等) 影像；且无人驾驶航空器为航摄提供了操作方便、易于转场的遥感平台；起飞降落受场地限制较小，在操场、公路或其他较开阔的地面均可起降，其稳定性、安全性好，经济性能突出。图 1-3-2 为无人机航摄带状示例效果。

图 1-3-2 无人机航摄带状示例效果

小型轻便、低噪节能、高效机动、影像清晰、轻型化、小型化、智能化更是无人机航摄的突出特点。

3. 无人机航摄应用场景

无人机航摄具有机动灵活、高效快速、精细准确、作业成本低、适用范围广、生产周期短等特点。对比传统测量手段，无人机航摄可以在测绘困难区使用高分辨率影像系统快速获取任务区域的地理位置及影像信息等。随着无人机与数码相机技术的发展，基于无人机平台的数字航摄技术已显示出其独特的优势，无人机与航空摄影测量相结合使得"无人机数字低空遥感"成为航空遥感领域一个崭新的发展方向。无人机航摄技术可广泛应用于国家生态环境保护、矿产资源勘探、海洋环境监测、土地利用调查、水资源开发、农作物长势监测与估产、农业作业、自然灾害监测与评估、城市规划与市政管理、森林病虫害防护与监测、公共安全、国防事业、数字地球以及广告摄影等领域，有着广阔的市场前景。

4. 无人机航摄发展趋势

使用无人机进行小区域遥感航拍的技术，在实践中取得了明显成效和经验。以无人机为空中遥感平台的微型航空遥感技术，适应国家经济和文化建设发展的需要，为中小城市特别是城、镇、县、乡等地区经济和文化建设提供了有效的技术服务手段。未来民用无人机的发展趋势必然是智能化、长续航、多元化方向，如图 1-3-3 所示。

图 1-3-3　民网无人机的发展趋势

1) 智能化

无人机的智能化趋势表现在以下 4 个方面：

(1) 具备自主决策和自动控制能力，让飞行更加简单。

(2) 可控的自我学习及应用能力，提升飞行安全及功能性。

(3) 5G 带来的实时实景视频及控制，让更多应用成为可能。

(4) 结合人工智能技术，变为真正的空中智能平台。

2) 长续航

无人机的长续航需要从以下 3 方面开展工作：

(1) 动力系统的更新换代。

(2) 石墨烯电池、氢燃料电池的开发。

(3) 无线充电及太阳能充电站的开发。

3) 多元化

无人机的多元化发展趋势表现在以下 5 个方面：

(1) 无人机应用领域广泛，如农林、影视、电力等领域。

(2) 无人机技术涉及多个领域，如飞行控制、数据处理等。

(3) 无人机市场不局限于军事，民用市场也在迅速发展。

(4) 多个行业和企业参与无人机的研发、生产和销售。

(5) 无人机应用的商业模式不断创新，如租赁服务、数据服务等。

二、无人机测绘任务设备

无人机测绘任务设备

无人机测绘任务的执行，离不开各种硬件和软件设备的支持。

1. 硬件设备

硬件设备包括测绘无人机、测绘云台相机和各种测量仪器等。

1) 测绘无人机

测绘无人机种类众多，以大疆测绘无人机为例，主要包括 Mavic 3 行业系列无人机和经纬 M300RTK 无人机。

(1) Mavic 3 行业系列无人机。

Mavic 3E/3T 飞行器机身可折叠，配备水平全向、上视、下视视觉系统和红外传感系统，具备自动返航及全向障碍物感知功能。飞行器最大飞行速度为 75.6 km/h(21 m/s)，最长飞行时间约 45 min。图 1-3-4 为拍摄现场的 Mavic 3 行业系列无人机。飞行器内置 DJI AirSense 预警系统，可监测载人航空器飞行状态。机身配备夜航灯和补光灯，以便在夜间或弱光下获得更好的视觉定位效果，提升飞行器起降和飞行安全性。DJI RC Pro 行业版遥控器预装 DJI Pilot 2 App，可直接连接飞行器使用。

图 1-3-4 拍摄现场的 Mavic 3 行业系列无人机

Mavic 3 行业系列无人机具有以下优点：

① 支持最大 56 倍混合变焦，可远距离洞察目标。

② 可达到最大 15 km 通信距离与最高 1080 p、30 fps 高清图传。

③ 任务信息快速同步，空地一体化协同作业。

④ 大疆司空 2 云端实时建图，快速获得目标范围的建图模型。

(2) 经纬 M300RTK 无人机。

经纬 M300RTK 无人机是深圳市大疆创新科技有限公司 (简称 "大疆"，DJI)2020 年发布的旗舰无人机，配备双 RTK(Real Time Kinematic，实时动态载波相位差分技术) 模块，搭配测绘相机后，可以实现高精度中低空测绘建模，是大疆测绘无人机的主力机型。经纬 M300RTK 无人机如图 1-3-5 所示。

图 1-3-5　经纬 M300RTK 无人机

经纬 M300RTK 无人机具有以下优点：

① 超强续航：空载续航高达 55 min，搭配禅思 P1 或禅思 L1 使用续航可超 40 min。

② 六向避障：机身 6 个面上 (前、后、上、下、左、右) 同时配置双目视觉 + 红外 TOF(Time of Flight，飞行时间) 传感器，最大探测范围 40 m，避障有效速度 17 m/s。

③ 多冗余设计：多传感器冗余、双控备份、双电池设计、LTE 图传备份链路。

④ 高防护等级：IP45 防护等级，最大可抗 7 级风，工作温度 -20℃～ 50℃。

⑤ HMS 系统：提供一站式无人机健康管理系统 (Health Management System，HMS)。

⑥ 高清图传：提供航空级态势感知的 FPV(First Person View，第一人称主视角) 图传，全新 Ocusync 行业版图传远达 15 km，支持 LTE 图传备份。

⑦ 多负载支持：最大载重达 2.7 kg，提供上置单云台、下置双云台，开放 MSDK(Mobile SDK，移动软件开发工具套件)、OSDK(Onboard SDK，机载 SDK) 和 PSDK(Professional SDK，专业 SDK)。

⑧ 智能电池：支持电池热替换，充满 1 组电池只需 1 h，4 组电池就可实现外业无缝轮转作业。

2) 测绘云台相机

随着摄影测量的发展，无人机搭载云台相机也得到迅速发展。云台相机主要有单镜头、双镜头、四镜头及无镜头 4 种形式。其中单镜头云台相机主要用于生成正射影像，也可以通过调整云台角度达到倾斜摄影测量的效果，如大疆 Mavic 3E。多镜头云台相机主要用于倾斜摄影测量。这里主要以大疆禅思 P1 全画幅相机、禅思 L1 激光雷达相机为例介绍测绘云台相机。

(1) 禅思 P1 全画幅相机。

禅思 P1 全画幅相机是一款高性能、多用途的航测负载，集成了 4500 万像素的全画幅图像传感器与三轴云台，支持多款镜头。搭配经纬 M300 RTK 飞行平台和大疆智图后处理软件，为用户提供一体化、高精度、高效率航测解决方案。禅思 P1 相机如图 1-3-6 所示。

禅思 P1 全画幅相机主要优点如下：

① 高像素：4500 万像素全画幅传感器。

② 免像控：平面精度 3 cm，高程精度 5 cm。

③ 高效率：单架次作业面积 3 km^2。

④ 三轴云台：可智能摆动拍摄。

⑤ 机械全局快门：快门 1/2000 s。

⑥ TimeSync2.0：微秒级时间同步。

图 1-3-6 禅思 P1 相机

(2) 禅思 L1 激光雷达相机。

禅思 L1 激光雷达相机是一款高度集成、高性价比、易用的行业激光雷达负载，一体化集成 Livox、高精度惯导、1 英寸 (2.54 cm) 测绘相机和三轴云台等模块。它搭配经纬 M300 RTK 和大疆智图，形成一体化解决方案，可轻松实现全天候、高效率实时三维数据获取以及复杂场景下的高精度后处理重建。禅思 L1 激光雷达相机如图 1-3-7 所示。

图 1-3-7 禅思 L1 激光雷达相机

禅思 L1 激光雷达相机主要优点如下：

① 一体化集成激光雷达、测绘相机、高精度惯导。

② 高精度：高程精度 5 cm，平面精度 10 cm。

③ 高效率：单架次作业面积可达 2 km^2。

④ 高点云密度：有效点云数据率达到 240 000 点 /s。

⑤ 多回波：支持 3 次回波。

⑥ 测量距离：最大可达 450 m。

⑦ 实时点云 liveview：可实时显示与测量。

⑧ 即时后处理：大疆智图后处理。

2. 软件设备

软件设备包括任务规划软件、数据处理软件以及其他应用软件等。

1) 任务规划软件

无人机任务规划软件具有飞行监控、无人机控制、地图导航、航线规划、任务回放及任务设备控制等功能，其目的是帮助操作者规划最优飞行航路，在确保无人机安全的前提下，最大限度发挥无人机的作用，完成飞行任务。常见的无人机任务规划软件有 DJI Pilot 2 和 UAV S GCS 等。关于任务规划软件的具体内容将在后续章节进行详细讲解。

2) 数据处理软件

无人机搭载云台 (相机) 采集到的影像通常需要数据处理软件进行处理。影像数据通过空中三角测量 (简称空三) 及建模软件进行实体三维建模，软件通常提供自主航线规划、飞行航拍、二维正射影像与三维模型重建。目前使用广泛的数据处理软件有 ContextCapture、Pix4Dmapper、Smart3D Master、清华山维 EPS 等，如图 1-3-8 所示。其中 Pix4Dmapper 多用于正射模型处理，ContextCapture 多用于三维模型处理，关于数据处理软件的具体内容将在后续章节进行详细讲解。

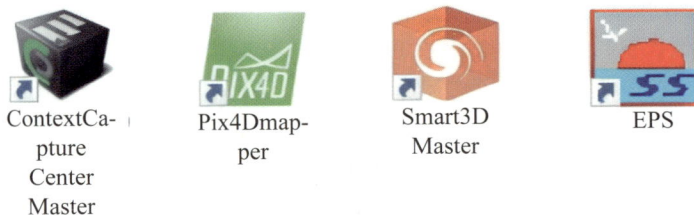

ContextCa-
pture
Center
Master

Pix4Dmap-
per

Smart3D
Master

EPS

图 1-3-8　常见的数据处理软件

三、无人机摄影测量制图技术

无人机摄影获取的地理信息数据可以用于三维实景建模，从而实现土方测量、农林勘查、三维可视化应用等，整个过程通常由专业的航测建模公司完成。将无人机采集的地理信息绘制成图，主要包括内

无人机摄影测量
制图技术与实景
三维模型精度评定

业加密、内业立体测图、图幅接边、外业调绘和补测、内业编辑、图幅检查与接边等步骤。

1. 内业加密

内业加密是指利用影像数据、航摄仪资料、外业像控点信息表、像控点成果等进行空中三角测量。在进行空中三角测量前，要做好充分的准备工作，包括建立测区目录、测区信息文件、摄影信息文件等，并生成"金字塔"影像。同时以外业控制点的布设情况为依据，划分加密区域网，每个区域网内的航线数量根据精度要求及使用软件的平差能力确定。加入控制点文件进行约束平差，控制点量测需要人工观测，区域网加密完成后必须进行接边。区域网间公共点接边时，规定平面和高程误差不得超过空中三角测量加密的精度和各种限差，并取中数作为使用值。

2. 内业立体测图

内业立体测图是指利用航空摄影或无人机航测等获取的影像数据，通过内业处理软件和技术手段，构建出地面的立体模型，并在该模型上进行数据采集和图形绘制，以生成地形图、建筑图等测绘成果的过程。主要步骤如下：

(1) 通过全数字摄影测量工作站对获取的影像数据进行初步编辑处理。这一过程是内业测图的起点，旨在确保数据质量满足后续处理要求。处理完成后，系统将自动生成待编数据文件和野外调绘的底图，为后续工作提供基础。

(2) 进入内业立体采集阶段。此阶段的核心任务是精确定位地形图中的各个要素点，包括但不限于道路交点、建筑物角点、水体边界等。在立体观测环境下，作业人员能够直观地识别出地物的三维形态，并据此用特定的符号在屏幕上进行标记。对于能够直接在内业环境中判定性质的地物，如常见的道路类型、植被种类等，会进行初步的分类标注，以提高数据的准确性和可用性。

(3) 由于影像遮挡、拍摄角度限制或地物本身的复杂性等因素，部分地物的性质可能无法直接在内业中判定。针对这类情况，作业人员会根据项目设计要求进行灵活处理，即先采集其位置信息并做特殊标记，以便后续外业调绘时能够重点关注并补充完整。特别地，对于高大建筑物或其他遮挡物造成的无法测量的区域，会明确划定范围并做显著标记，确保外业人员能够迅速定位并开展补测工作。

(4) 内业立体采集及初步编辑完成后，将生成线划图并进行粗编。这一过程主要是对已采集的数据进行整理、检查和初步编辑，以消除明显错误、优化图形表达并满足外业调绘的基本需求。粗编后的线划图将作为外业调绘的参考底图，为外业人员提供清晰的指引和辅助。

3. 图幅接边

数据采集完成后，导出测图数据文件，然后利用 CAD 等软件进行初编。检查合格后，用绘图仪喷绘出一套比例尺为 1 ∶ 2000 的彩色调绘纸图，为外业提供工作底图，以进行全要素调绘。

4. 外业调绘和补测

外业调绘的内容在图上表示时要求必须清晰可见，同时各种标记要准确无误、位置合适、书写工整。补测时，可以采用以明显地点为起始点的交会法或截距法。成片用全站仪或 GPS RTK 进行补测，外业补测地物精度也要符合设计中的规定，满足相应的精度要求。

5. 内业编辑

数据编辑处理是使用在野外调绘和补测后检查合格的调绘图纸，对原先采集的图形数据进行修改、处理，并加注各类注记要素进行图面整饰，得到满足图式规范要求的成果文件。内业编辑则是以外业调绘数据为根据，对立体量测数据进行确认、增加、删除和修改等操作。

6. 图幅检查与接边

编辑完成后，所有图幅要进行两级检查、一级验收，检查后要对图幅之间进行接边，确保图与图之间的编辑具有一致性。

四、无人机航测实景三维模型精度评定

无人机倾斜摄影测量技术能够提供三维点云、三维模型、真正射影像 (TDOM)、数字表面模型 (DSM) 等多种成果形式，其中三维模型具有真实、细致、具体的特点，通常也称为真三维模型。可以将这种实景三维模型当作一种新的基础地理数据来进行精度评定，评定内容包括位置精度、几何精度和纹理精度 3 个方面。

1. 位置精度

三维模型的位置精度评定跟空三 (空中三角测量) 的物方精度评定有类似之处，都是通过比对加密点和检查点的精度进行衡量。在控制点周边比较平坦的区域，精度比对容易进行；在房角、墙线、陡坡等几何特征变化大的地方，模型上的采点误差比较大，精度衡量可靠性降低，这种情况下可以联合影像作业，得到最终的成果矢量或模型数据，再进行比对。

2. 几何精度

传统手工建模可以自由设计地物的几何形状，而真三维自动化建模时，影像重叠度越大的地方地物要素信息越全，三维模型的几何特征就越完整。反之，影像重叠度不够可能出现破面、漏面、漏缝、悬空等情况，影响地物几何信息的完整表达。这种情况属于原理性问题，无法完全避免，可以按照下述方法进行评定：在三维模型浏览软件中参照航拍角度固定浏览视角，同时拉伸到与实际分辨率相符的高度查看模型，看不出明显的变形、拉花即可判定为合格，反之为不合格。

3. 纹理精度

三维建模完全依靠计算机来自动匹配地物的纹理信息，由于原始影像质量不同，匹配结果可能存在色彩不一致、明暗度不一致、纹理不清晰等情况。要提高纹理精度就必须提高参加匹配的影像质量，剔除存在云雾遮挡覆盖、镜头反光、地物阴影、大面积相似纹理、分辨率变化异常等问题的像片，提高匹配计算的准确度。

五、无人机遥感作业标准

当前，在遥感作业方面，国内现有的相关标准规范主要是由国家标准化管理委员会、国家测绘局和地质调查局等部门颁发的。其中，在高分辨率和低空航空摄影的标准中，部分安全规范和操作规范的条款适用于轻小型无人机遥感作业，而低分辨率和高空航空摄影标准中的规范对此基本不适用。对于相应的应急预案，现有的标准中几乎没有适用的内容，亟待制定全新的标准来指导无人机遥感作业。

无人机遥感
作业标准

1. 遥感作业法规与安全须知

目前，关于遥感作业的法规与安全规范主要有地质矿产部、国家测绘局等部门颁布的《航空遥感摄影技术规程》《中华人民共和国测绘行业标准——测绘作业人员安全规范》《低空数字航空摄影测量外业规范》等，其中大部分对于遥感作业安全做出的规范具有普遍性，适用于制定轻小型无人机遥感作业的相关标准。

使用航空摄影进行遥感作业的技术流程和技术规范，主要可以参考 DZ/T 0203—1999《航空遥感摄影技术规程》中第 3 款的相关规定：根据用户和航摄执行单位共同商定的有关具体技术要求，制订航摄计划。

关于在遥感作业中需要注意的安全问题和相关须知，目前针对性的标准规范较少，可以参考 CH 1016—2008《中华人民共和国测绘行业标准——测绘作业人员安全规范》(以下简称为"安全规范")中对相关问题的解释和规定：依据国家法律法规的要求，充分考虑测绘生产主要工序和环境中可能存在的涉及人身安全和健康的危害因素，而规定应采取的防范和应急措施，主要依据《森林防火条例》《草原防火条例》《中华人民共和国消防法》《中华人民共和国安全生产法》《中华人民共和国道路交通安全法》制定。其中规定了相关的术语，如安全指没有危害、不受威胁、不出事故；测绘生产单位是指测绘生产法人单位；作业单位是指承担测绘的部门、中队、分院等。同时，该安全规范对测绘安全有总体要求。

对于不同测绘阶段和不同测绘地区，安全规范中还分别作出了明确的要求。其中给出对于测绘的一般要求，包括行车、住宿等阶段的安全须知，以及铁路、公路、沙漠戈壁和沼泽等不同区域的安全须知。

CH/Z 3004—2010《低空数字航空摄影测量外业规范》第 3 条规定了控制点精度要求、航摄资料要求、其他作业方法要求和准备工作具体细则；第 4 条规定了像片控制点的布设相关细则，包括选点条件、全野外布点方式、区域网布点方式和特殊情况布点等；第 5 条规定了基础控制点的测量方法；第 6 条规定了像片控制点的测量方法；第 7 条规定了调绘的基本要求和先外后内与先内后外两种方法；第 8 条规定了检查验收和上交成果的基本要求和实施细则。该规范对于无人机遥感作业的具体流程有甚为详细的规定，可以作为主要的参考资料。

无人机遥感作业的商用、民用需求和使用频率不断增长，而我国在相关空域管理法规、人员培训和基础设施建设及保障方面与急剧膨胀的无人机遥感市场空域开放需求不相适应，制约了无人机遥感事业的发展。由于轻小型无人机体积小、有效载荷低、无法安装无线电应答设备，雷达发射截面积又很小，也难以被雷达探测到，因此很难对轻小型无人机进行监管。与美国等发达国家相比，空域管理是我国当前中低空域全面开放的难点所在。这涉及多方面因素，需要在法规、制度和体制上改革和创新，进行开放空域划设、利用、监控及保障设施配置，并确保国土防空的安全。

现有标准中缺乏对于操作无人机进行遥感测绘时应注意的安全事项的规定，如在高压电线、较高的建筑物附近或人员密集的城镇区域进行测绘时的安全防护措施等。在制定新标准时，需要参照以上关于测绘安全已有规定的标准，制定出具有针对性的无人机遥感测绘安全规范。

2. 遥感作业操作规范

目前，遥感作业操作规范标准主要有地质矿产部、国家标准化管理委员会和国家测绘局等部门颁发的《遥感影像平面图制作规范》《航空遥感摄影技术规程》《数字航摄仪检定规程》《无人机航摄安全作业基本要求》等规范，没有专门针对轻小型无人机遥感作业的操作规范。这些规范中，部分关于航摄的相关操作规范和要求适用于轻小型无人机遥感作业，而针对高分辨率和高空摄影的部分不再适用。

DZ/T 0203—1999《航空遥感摄影技术规程》中，第 4 款规定了遥感作业前的准备工作，其中包括检查和准备相关仪器、选择相应设备和具体指标等；第 5 款规定了飞行质量和摄影质量要求的细则；第 8 款规定了所用器材和成果资料的保管等诸多细节内容。

GB/T 15968—2008《遥感影像平面图制作规范》中，第 4 款规定了包括图像的选择、资料收集和对仪器的要求等准备工作的细则。

CH 1016—2008《中华人民共和国测绘行业标准——测绘工作人员安全规范》中规定了在不同作业环境（如城镇区域、铁路公路区域、沙漠戈壁区域、沼泽区域、人烟稀少地区、高原高寒地区、涉水渡河或水上等）下测绘人员应当遵守的操作规范和章程。

CH/T 8021—2010《数字航摄仪检定规程》中规定了航摄仪的检定要求，包括基本技术要求，实验室检定项目、条件及方法，野外标准场空对地检定、地对空检定的方法和检定结果的处理细则等。

CH/Z 3001—2010《无人机航摄安全作业基本要求》中，第 4 款规定了无人机航摄的技术准备工作细则；第 5 款规定了实地踏勘和场地选取细则；第 6 款规定了飞行检查与操控细则；第 10 款规定了设备使用与维护细则。

GB/T 15967—2008《1：500　1：1000　1：2000 地形图航空摄影测量数字化测图规范》第 6.4 条主要规定了制作数字化测图的作业规程，内容包括作业准备、像片定向、数据采集作业、生成图形文件和绘图文件等步骤的详细规定。

GB/T 7930—2008《1：500　1：1000　1：2000 地形图航空摄影测量内业规范》第 3 款规定了 1：500、1：1000、1：2000 地形图航空摄影测量中的精度和误差要求。

3. 遥感作业应急预案

目前，对于遥感作业的应急预案尚无已经颁布实施的标准或法规，与之相关的内容仅有国家测绘局颁布的 CH 1016—2008《测绘作业人员安全规范》中的小部分条款。

CH 1016—2008《测绘作业人员安全规范》中规定了测绘过程中突发意外事件时的应急预案，如 5.1 条出测、收测前的准备工作中，包括但不限于掌握人员身体健康情况以避免作业人员进入与其身体状况不适应的地方、对疫区和可能散发毒性气体地区的应对措施、在不同作业环境（如城镇区域、铁路公路区域、沙漠戈壁区域、沼泽区域、人烟稀少地区、高原高寒地区、涉水渡河和水上等）下遇到各种对作业人员产生不利影响的突发状况和恶劣天气时的具体应对措施等。该部分内容可作为制订遥感作业预案的主要参考依据。

在沙漠、戈壁地区作业时，应做好对缺水、突发天气变化如沙漠寒潮和沙暴等意外情况的应急预案，并准备好相应的应急物品。遥感作业人员应当熟知可能发生的各种意外事件并熟悉对应的应急预案，作业之前可进行必要的培训、演练，掌握必要的自保技能。

六、无人机遥感信息处理的规范与标准

无人机遥感信息
处理的规范与标准

遥感信息处理是对遥感作业获得的信息进行加工处理并得到有效信息的技术，是遥感作业最关键的环节之一，能否得到真实有效的信息将直接关系到遥感任务是否有效完成。因此，必须要保证遥感信息处理的过程严格按照相应的规范或标准执行。同时，也应制定完备、精确的信息处理规范，来保证实际操作时有章可循。遥感信息处理包括数据预处理与精处理、信息提取与综合和数据管理等几个步骤，下面分别对其标准现状进行介绍。

1. 数据预处理与精处理

对于遥感作业的数据处理部分，相关标准主要有国家测绘局和国家标准化委员会等颁布的《低空数字航空摄影测量内业规范》《遥感影像平面图制作规范》《1∶500 1∶1000 1∶2000 地形图航空摄影测量内业规范》等规范，其中关于地形图编辑、产品分类和数字产品的技术指标要求等内容仍适用于轻小型无人机遥感作业的数据处理，而其中对于晒像、底片处理等部分的规定，由于技术的进步已不再适用。

CH/Z 3003—2010《低空数字航空摄影测量内业规范》第 3 款规定了产品分类、技术指标要求和作业方法的要求；第 4 款规定了影像预处理的具体细则；GB/T 15968—2003《遥感影像平面图制作规范》第 5 款规定了图像纠正、镶嵌、制作和输出的方法与要求细则；第 6 款规定了图像整饰、注记的相关方法；第 7 款规定了检查、验收的原则和要求；第 8 款规定了遥感影像平面图复制的方法和要求。

GB/T 7930—2008《1∶500 1∶1000 1∶2000 地形图航空摄影测量内业规范》第 7 款主要规定了精密立体测图仪测图的准备工作、定向方法、地物地貌测绘要求、接边和结尾工作以及航测桩点法测图的相关规范。

2. 信息提取与综合

遥感应用的关键在于专题信息能否及时、准确地从遥感影像中获得。只有通过不断创新和改进信息提取方法，才能发挥遥感技术的优势，为遥感技术的深度应用铺平道路。

在无人机遥感技术的遥感数据处理上，主要存在的问题是目前的无人驾驶飞行器遥感系统多使用小型数码相机作为机载遥感设备，与传统的航片相比，存在像幅较小、影像数量多等问题，所以应针对其遥感影像的特点以及相机定标参数、拍摄时的姿态数据和有关几何模型，对图像进行几何和辐射校正，并制定出对此具有针对性和指导性的标准。

对于遥感信息的提取与综合，现有标准中针对性的内容较少。因此，在制定新的标准或规范时，可以根据专家意见增添针对该项的内容。同时，考虑到遥感信息的保密级问题，对于不同的遥感结果，处理方式也应有所不同，需根据实际情况遵照相应的标准和规范进行信息处理。在制定标准时需要考虑涉密等安全问题，并做出全面的规范。

3. 数据管理

对于遥感作业得出的原始数据和经过处理后得到的蕴含重要信息的数据，必须根据相关条例加以管理。目前我国关于此项内容的规范尚停留在对于成果进行整理的技术性指导层面，而未深入到如何利用和管理相关的重要数据及其信息。因此，在此方面需要制定具有针对性和指导性的法规或标准。

我国现有的相关标准规范主要有国土资源部、地质调查局与地质矿产部颁布的《航空遥感摄影技术规程》《物探 化探 遥感勘查技术规程规范编写规定》《中国地质调查局地质调查技术标准》《低空数字航空摄影测量内业规范》和《数字航空摄影测量测图规范第1部分：1∶500 1∶1000 1∶2000 数字高程模型 数字正射影像图 数字线划图》等，其中遥感成果、验收和相关制图规范等内容适用于轻小型无人机遥感的数据管理。由于有些规范或标准制定的时间较早，其中对于像片、底片等内容的规定已不符合当今技术现状，在制定新规程或标准时应有所更新。

CH/Z 3003—2010《低空数字航空摄影测量内业规范》第7款规定了低空遥感时数字线划图制作要求；第8款规定了数字高程模型制作要求；第9款规定了数字正射影像图制作方法；第10款规定了数字线划图(B类)制作方法及要求；第11款规定了数字正射影像图(B类)的制作方法及要求。

DZ/T 0195—1997《物探 化探 遥感勘查技术规程规范编写规定》规定了物探、化探、遥感勘查技术规程及工作规范文本编写的基本要求、内容构成及其编写格式，适用于编写物探、化探、遥感各种方法及各类勘查工作的规程、规范。

DZ/T 0151—1995《区域地质调查中遥感技术规定(1∶50000)》规定了地质遥感勘查的基本要求、制图和资料处理等细节内容。

CH/T 3007.1—2011《数字航空摄影测量 测图规范第1部分：1∶500 1∶1000 1∶2000 数字高程模型 数字正射影像图 数字线划图》第7款规定了数字正射影像图生产的相关要求；第8款规定了数字线划图生产的相关要求。

● 项目总结

本项目主要学习了无人机测绘技术基础的相关知识和操作技能。在学习过程中，应重点掌握无人机的系统组成、飞行控制原理以及无人机摄影测量制图技术的相关理论知识；

了解测绘相关的常用术语和测绘仪器；学会对无人机机体、动力系统等设备进行飞行前检查；并能够做到举一反三，将其灵活应用于学习和实践中，不断提高自身技能。

◯ 组织评价

1. 学生进行自我评价，并将结果填入表 1-1 中。

表 1-1　学 生 自 评 表

姓名		学号		班级		组别	
序号	评价项目	评价标准				分值	得分
1	获取信息	掌握工作项目相关知识				20	
2	自主学习	学生自主学习能力				20	
3	学习态度	态度端正，认真严谨、积极主动				20	
4	学习质量	能按照工作方案操作，按计划完成工作项目				20	
5	协调能力	与小组成员、同学之间能合作交流，协调工作				20	
合计						100	
总结与反思							
（如：学习过程中遇到什么问题，如何解决的 / 解决不了的原因，心得体会）							

2. 学生以小组为单位，对学习过程与结果进行互评，并将互评结果填入表 1-2 中。

表 1-2　学 生 互 评 表

姓名		学号		班级				组别		
评价项目	分值	等　级				评价对象（组别）				
						1	2	3	4	5	6	7	8
团队合作	25	优	良	中	差					
		25	20	18	10					
组织有序	25	优	良	中	差					
		25	20	18	10					
学习质量	25	优	良	中	差					
		25	20	18	10					
学习效率	25	优	良	中	差					
		25	20	18	10					
合计	100	各组得分								

3. 教师对学生工作过程与工作结果进行评价，并将评价结果填入表 1-3 中。

表 1-3　老师对学生评价表

评价项目	评价内容	评价标准	评价方式	
			自我评价	教师评价
职业素养 (10 分)	责任意识 (3 分)	1. 不遵守纪律，扣 1 分； 2. 没有完成工作项目，扣 1 分； 3. 严重影响工作纪律，扣 1 分		
	学习态度主动 (3 分)	1. 缺勤达本次项目总学时的 10%，扣 0.5 分； 2. 缺勤达本次项目总学时的 20%，扣 1 分； 3. 缺勤达本次项目总学时的 30%，扣 1.5 分		
	合作 (4 分)	不与小组内同学进行沟通，扣 4 分		
专业能力 (90 分)	知识能力 (30 分)	1. 无人机基础知识 ◆ 了解无人机的技术发展，得 3 分； ◆ 了解无人机系统组成，得 4 分； ◆ 了解无人机遥控器的基础知识，得 3 分 2. 测绘基础知识 ◆ 了解测绘的概念和常用术语，得 3 分； ◆ 掌握测绘的工作流程，得 4 分； ◆ 掌握数字图像处理的优点，得 4 分 3. 无人机测绘基础知识 ◆ 掌握无人机摄影测量制图技术的相关理论知识，得 6 分； ◆ 了解无人机航测和遥感作业、遥感信息处理等规范与标准，得 4 分		
	实践能力 (60 分)	1. 无人机基础知识 ◆ 能够对美国手与日本手无人机遥控器进行区分，得 5 分； ◆ 能够对机体和动力电池进行飞行前检查操作，得 10 分； ◆ 能够正确对飞行天气和区域进行选择，得 5 分 2. 测绘基础知识 ◆ 能够区分不同类型数字地图的差异，得 10 分； ◆ 能够区分不同测绘类型的测绘目的和测绘场景，得 10 分； ◆ 能够识别常见的测绘仪器并了解其功能，得 10 分 3. 无人机测绘基础知识 ◆ 能够列举几种无人机测绘任务的软硬件设备，得 5 分； ◆ 能够说出几种三维模型的精度评定标准，得 5 分		
总分 100 分	自我评价总分		评价总分	
学生姓名			综合评价等级	
指导教师			日期	

● 实训报告

学生填写项目实训报告，并将详细实训过程填入表 1-4 中。

表 1-4　实训过程记录表

专业		班级	
姓名		学号	
课程名称		项目名称	
实训目标	知识要点： 1. 掌握无人机的系统组成和飞行控制原理； 2. 了解数字图像几何处理和遥感数字图像处理相关原理； 3. 掌握无人机摄影测量制图技术的相关理论知识； 4. 了解无人机航测和遥感作业，遥感信息处理等规范与标准 技能要点： 1. 能够识别常见的测绘仪器； 2. 能够正确对无人机机体、动力系统等设备进行飞行前检查； 3. 能够列举几种无人机测绘任务的软硬件设备 思政目标： 通过学习，正确地认识自己所学专业在社会中的定位，能够找到自己喜欢的专业细分方向，结合自身的兴趣、爱好、个性和就业倾向，充分认识自身的优势和价值，更好地为社会服务		
实训环境及设备	1. 无人机实训室； 2. 常见测绘仪器、大疆经纬 M300 RTK、大疆禅思 P1、DJI Mavic 3E 等设备硬件； 3. Pix4Dmapper、ContextCapture、清华山维 EPS 和大疆智图等无人机测绘内业数据处理软件		
实训过程记录			

项目二　无人机测绘数据采集

项目要点

知 识 要 点

1.掌握无人机航测任务规划的原则；
2.了解无人机航测任务规划软件的功能特点；
3.掌握无人机航测像片控制点的作用和布设原则；
4.掌握无人机航测正射影像和倾斜摄影的采集原理；
5.了解无人机激光点云的相关行业应用。

技 能 要 点

1.能够按照无人机航线规划要点和要求完成无人机的航测任务规划；
2.能够按照流程完成无人机的像片控制点布设与测量；
3.能够规范使用常见的任务设备进行无人机航测正射影像数据采集；
4.能够规范使用常见的任务设备进行无人机航测倾斜摄影数据采集；
5.能够正确进行无人机航测正射影像数据和倾斜摄影数据检查；
6.能够按照规范使用设备进行无人机激光点云航线规划和数据采集。

思政要点

无人机测绘数据采集要求极高的精度和准确度，这需要我们具备精益求精的工匠精神。在项目执行过程中，无论是航线规划、像片控制点布设，还是数据采集与检查，都应追求极致，不放过任何一个细节。通过反复练习和不断优化，培养自身的耐心、细心和专注力，这样才能够在未来的工作中始终保持高标准、严要求。

○ **教学实施**

任务一 **无人机航测任务规划**

一、**无人机航测任务的航线规划原则**

无人机航测任务的
航线规划原则

无人机航测任务的成功与否，很大程度上取决于航线规划的科学性和合理性。正确的航线规划不仅能够确保航测数据的准确性和完整性，还能提高作业效率，减少不必要的风险。以下将详细阐述无人机航测任务中航线规划的基本原则和关键要素。

1. 飞行参数设计

确认航摄区域的地形状况，根据相机参数、比例尺等，计算飞行高度和基线长度等内容，做好航线布设工作。

2. 航摄分区

航摄分区的合理划分对提高航测效率、确保数据质量具有重要的意义。下面介绍航摄分区的关键要素和原则。

(1) 分区界线一般应与图廓线相一致；

(2) 分区内的地形高差应小于 1/6 航摄高；

(3) 当地面高差突变，地形特征差别显著或有特殊要求时，可以划分航摄分区。

3. 航线敷设

航线敷设是无人机航测任务中至关重要的一环，它决定了无人机的飞行轨迹和摄影质量。正确的航线敷设不仅可以提高航测效率，还能确保数据的准确性和完整性。下面详细介绍航线敷设的各项关键要素。

(1) 固定翼设计飞行高度应高于摄区和航路最高点 100 m，设计总航程应小于无人机能到达的最远航程，避免无人机撞山或者因燃油耗尽造成飞行事故；

(2) 根据相机镜头、地面分辨率、像元尺寸确定航高，根据实际地形和要求确定高差突变地区；

(3) 航线方向一般根据风向、航摄区域的地势走向、区域形状等进行合理规划；

(4) 进行水域摄影时，航线敷设应尽量避免像主点落水，要确保所有岛屿达到完整覆盖，并能构成正常重叠的立体像对；

(5) 航高设计：根据成图比例尺和相机参数的设定，地面站软件会自动生成航线的飞行高度；

(6) 像片重叠度设计：一般规定航向重叠度为 60%，最少不得少于 53%；旁向重叠度为 30%，最少不得少于 15%；当地形起伏较大时或者进行倾斜摄影测量时应适当调整像片重叠度。航摄时航向重叠度一般为 60% ～ 80%；旁向重叠度应为 55% ～ 75%；

(7) 航线形状：航线形状根据航摄成果要求、无人机平台和任务设备性能，常见可选的航线形状为套耕航线、蛇形航线、带状航线和井字航线等；

(8) 仿地飞行：在地形起伏较大的测区，有些无人机设备会提供仿地飞行的功能，在保证航摄成果质量的同时，可以大幅度提高航摄效率。

二、无人机航测任务规划软件

无人机航测任务规划软件

无人机航测任务规划软件一般针对航测类无人机的专用地面站而设计，除了常规地面站软件的功能外，还插入了航测相关功能。

1. 无人机地面站功能

无人机地面站系统应具有以下几个典型功能：

1) 飞行监控功能及无人机控制

无人机通过无线数据传输链路下传飞机当前状态信息。地面站将所有的飞行数据保存，并将主要的信息用虚拟仪表或其他控件显示，供地面操纵人员参考；同时根据飞机的状态，实时地发送控制命令，操纵无人机飞行。

无人机地面站功能

2) 航线规划功能

具有航测功能的地面站可以自动生成常见的航测航线，并将拍照等指令附加在航点设置上，以应对多种作业需求。

3) 任务回放功能

在任务结束后，根据保存在数据库中的飞行数据，使用回放功能可以详细地观察飞行过程的每一个细节，检查任务执行效果。

4) 任务设备控制功能

地面控制站可以设定控制或实时控制无人机搭载的任务设备，并监控其工作状态。

2. 常见的无人机航测任务规划软件

1) DJI Pilot 2 多旋翼无人机航测任务规划软件

DJI Pilot 2 是深圳大疆创新科技有限公司为大疆旗下无人机、云台相机等产品设计的一款航线任务规划软件。该款软件具有非常强大的画面监控能力和航线规划能力，通过使用该款软件可以有效配合大疆行业飞行器实现流畅的实时图传、飞行器的操控、云台相机

控制等内容。另外,DJI Pilot 2 还具有固件升级、飞行记录查看等功能,可以满足使用者需求,其主界面如图 2-1-1 所示。

图 2-1-1　DJI Pilot 2 软件主界面

2) UAV GCS 地面站垂直起降固定翼无人机航测任务规划软件

UAV GCS 地面站是广州极智科技公司基于航测用户中心设计的垂直起降固定翼无人机航测任务规划软件,具有理想的人机交互界面。它专为航测新手设计了智能地面站航线规划算法,能够优化航线规划操作步骤并一键生成测绘航线,在保证数据采集精度的基础上可减少数据采集量,大幅度优化了航线里程,给使用人员带来高效的航测体验。UAV GCS 地面站软件界面如图 2-1-2 所示。

图 2-1-2　UAV GCS 地面站软件界面

三、无人机航测任务规划实施

1. 无人机航线规划注意要点

无人机航测任务规划实施是确保航测任务顺利进行的关键环

无人机航线规划注意
要点与航线规划要求

节。它涉及无人机的航线规划、任务分配、飞行控制等多个方面。下面详细介绍无人机航测任务规划实施中的关键要点和要求。

1) 飞行环境限制

无人机在执行任务时，会受到禁飞区、障碍物、险恶地形等复杂地理环境的限制，在飞行过程中应尽量避开相关区域。可将这些区域在地图上标记为禁飞区域，以提升无人机的工作效率。此外，飞行区域内的气象因素也将影响工作效率，需充分考虑大风、雨雪等复杂气象下的气象预测与应对机制。

2) 无人机物理性能

无人机物理性能会对飞行航迹产生影响。无人机飞行过程中应充分考虑自身的物理性能，防止飞行过程中受自身物理性能影响而坠毁。

3) 实时性要求

由于任务的不确定性，实际飞行过程中难以保证获得的环境信息不发生变化，常常需要临时改变飞行任务。在环境变化区域不大的情况下，可通过局部更新的方法进行航线在线重新规划。而当环境变化区域较大时，则必须全部重新规划无人机航线。

2. 航线规划要求

采集研究测区影像之前需要按照飞行任务和低空数字摄影的规范，通过地面站软件对测区进行航线的规划设计。航线规划主要考虑航摄仪选择、航摄比例尺、地面分辨率、重叠度、航线角度等。为保证飞行器的安全以及满足后期成图精度，航线规划应满足以下要求：

(1) 根据所需成图比例确定地面分辨率和航高。

(2) 重叠度设置要求航向的重叠度不能低于 53%，一般设置在 60% ～ 80%，旁向重叠度不低于 15%，一般设置在 15% ～ 60%(航线规划重叠率设置可根据实际地理环境进行调整)。

(3) 一般情况下，像片的倾角小于 5°，最大的倾角不超过 12°，倾角大于 8° 的像片数量不能大于总像片数量的 10%。地形条件相对困难的地区倾角应小于 8°，最大倾角不超过 15°，倾角大于 10° 的像片数量不能大于总像片数量的 10%。像片旋角一般小于 15°，为保证像片的重叠度达到要求，最大的旋角不超过 30°。同一航线上旋角大于 20° 的像片不能超过 3 张，旋角大于 15° 的像片数量不能大于总像片数的 10%，且像片倾角和旋角不能同时都达到最大值。

(4) 航摄区边界覆盖要求保证测区全覆盖，在边界上沿着航线方向的覆盖范围要超过 2 条航线，边界上旁向摄区的覆盖范围应超出测区 1 条航线或超过像幅的 50%。

(5) 应该避免像主点落在特征点较为贫乏的区域，要尽可能避免同类地物处于一张像片中。

(6) 山区飞行时，应避免飞行器撞山。在地势起伏区域，应该确保最低点分辨率以及最高点重叠度均满足精度要求，并规划好高差航线。

(7) 对高差较大的测区执行航摄任务时，要在保证飞行器安全飞行的前提下合理进行航摄分区。

3. 垂直起降固定翼无人机任务规划

垂直起降固定翼无人机任务规划基本流程如图 2-1-3 所示，包括设置航测区域、设置航测参数、自动生成航点和导出任务 4 部分。

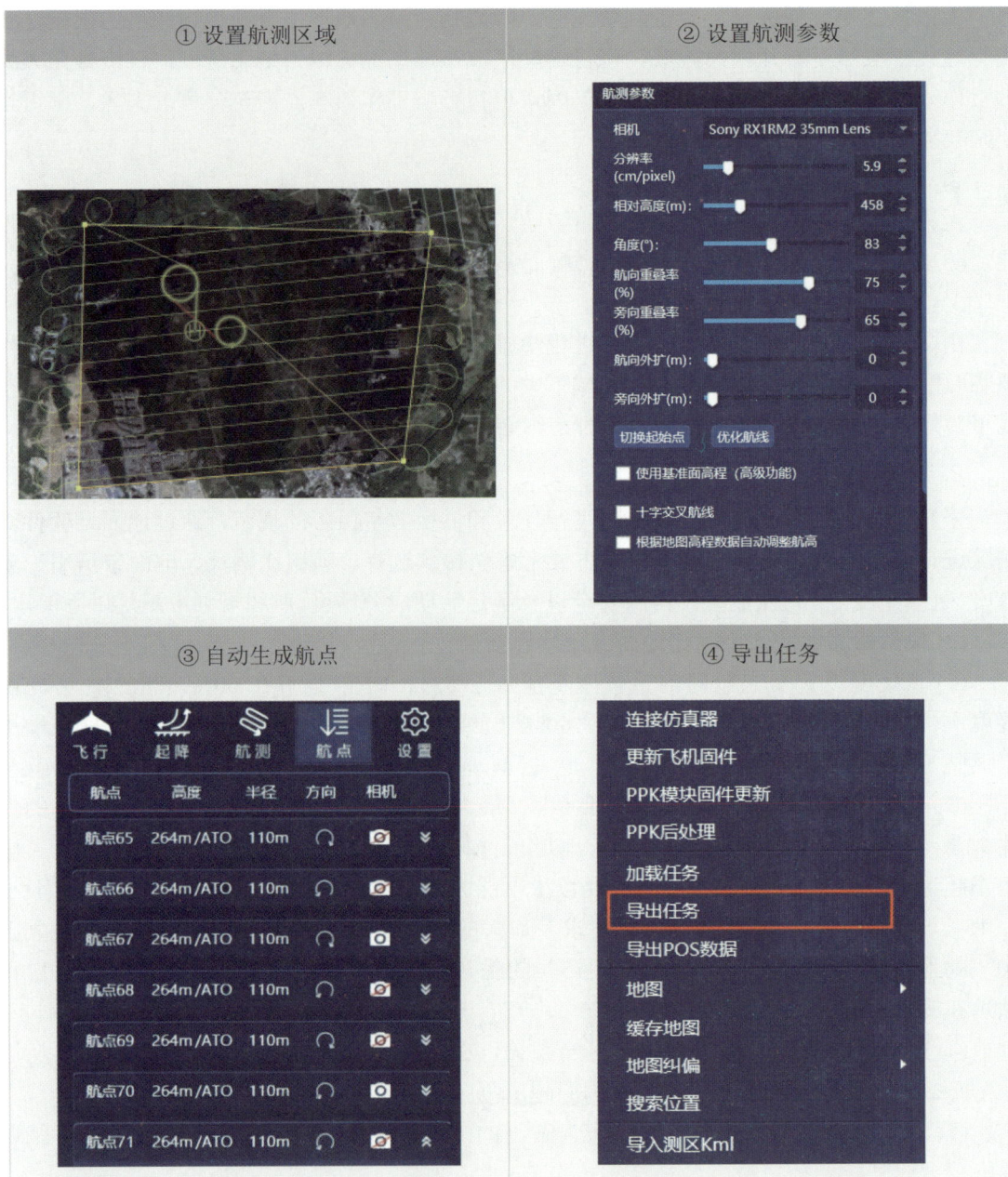

图 2-1-3　垂直起降固定翼无人机任务规划基本流程

1) 设置航测区域

首先，选择地图源，本案例中采用"高德地图"。其次，在地图中找到航测区域，建议使用"UAV"选项卡中的"搜索位置"功能，找到航测区域位置"清华大学"，如图 2-1-4 所示。

图 2-1-4　搜索任务区域

单击右侧航测选项卡，在地面站地图显示区可见一个多边形区域，长按鼠标左键拖动该阴影区域至所需航测位置；单击多边形区域的边可增加多边形的顶点，通过拖动多边形的顶点可调整航测区域的范围及形状，如图 2-1-5 所示。

图 2-1-5　建立航测区域

2) 设置航测参数

在航测选项卡中按航测要求设定分辨率、飞行高度、航线角度与重叠率，其中飞行高度与分辨率互相影响，无人机飞行高度越高，飞行时获得的图像中每个像素所代表的地面距离就越大，单次作业面积也就越大。

默认航向重叠率为 75%，旁向重叠率为 60%，若想达到较高品质效果，建议航向重叠率不低于 80%，旁向重叠率不低于 65%。

3) 自动生成航测任务

航测参数设置完成后，可以在航测信息数据栏中了解航测作业相关信息，单击"生成航点"即可自动规划生成航测任务，如图 2-1-6 所示。

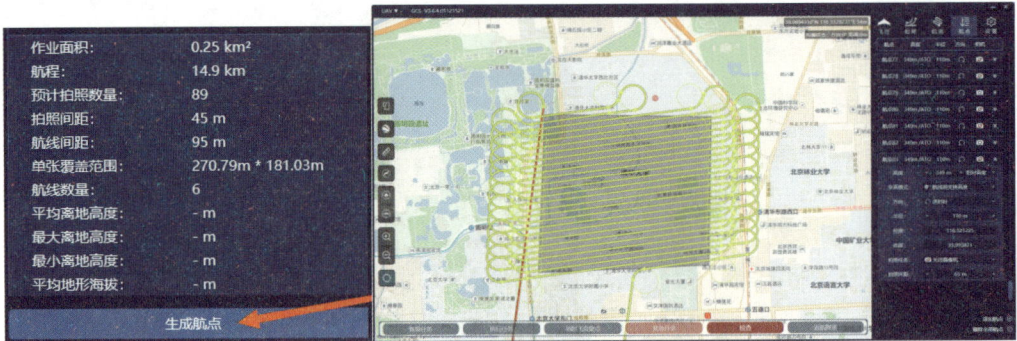

图 2-1-6　生成航测任务

4) 导出或加载任务

航测任务设置完成后，单击"UAV"菜单栏中的"导出任务"选项，选择保存路径后即可保存航测任务。同理，选择"加载任务"即可加载航测任务直接使用，如图 2-1-7 所示。

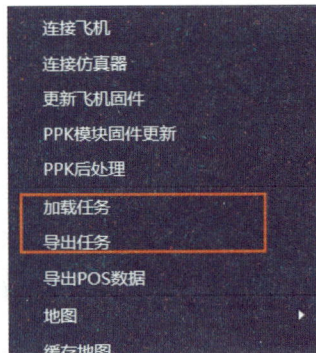

图 2-1-7　导出或加载任务

（实操）无人机任务规划一

4. 多旋翼无人机地面站任务规划

以 DJI Pilot 2 软件为例，对多旋翼无人机地面站任务规划方法进行说明。

步骤一：开启遥控器。

启动遥控器电源并打开 DJI Pilot 2 软件，单击 DJI Pilot 2 主界面的"航线"选项进入航线规划项目，如图 2-1-8 所示。

（实操）无人机任务规划二

图 2-1-8　进入航线规划项目

步骤二：创建航线。

(1) 进入创建航线板块。

进入航线界面后会显示"创建航线"和"航线导入 (KMZ/KML)"两个选项，创建航线可在卫星地图上创建航线，使飞行器完成自主化航线飞行；航线导入可导入已创建好的航线内容。点击"创建航线"进入创建航线界面，航线后续也将保存在此界面，如图 2-1-9 所示。

图 2-1-9　选择"创建航线"选项

(2) 选择航线类型。

根据任务需求和任务环境可把航线类型分为航点飞行、建图航拍、倾斜摄影和航带飞行 4 类。航点飞行适用于规划一条航线，让无人机沿着该航线进行拍照或录像。建图航拍适用于对一片区域进行下视影像采集，再进行二维重建。倾斜摄影适用于多相机多角度对一片区域进行影像采集，再进行三维重建。航带飞行适用于对河道、铁路等带状区域进行下视影像采集，获取影像数据。这里以倾斜摄影素材采集为例进行航线规划。如图 2-1-10 所示，点击"倾斜摄影"进入倾斜摄影航线规划界面。

航线类型

图 2-1-10　选择"倾斜摄影"航线类型

(3) 创建航线范围。

进入倾斜摄影模式后，在任务区域中点击"点击生成测绘区域"即可生成航线任务区域，如图 2-1-11 所示。

图 2-1-11　点击生成测绘区域

　　(4) 调整任务区域大小，合理设置任务区域范围，将所需要采集数据的区域全部调整至蓝色范围内，并进行航线名称设置，如图 2-1-12 所示。

图 2-1-12　调整任务区域大小

　　(5) 生成航线。

　　如图 2-1-13 所示，点击"选择相机"选项选择数据采集相机。这里以 DJI Mavic 3E 为例，点击"DJI Mavic 3 行业版"，选择"广角相机"即可生成航线。在倾斜摄影中共可生成 5 条航线，第 1 条为正射影像航线，其余为倾斜拍摄的航线。

图 2-1-13　选择相机生成航线

步骤三：设置航线参数。

(1) 云台俯仰角度 (倾斜) 设置。

云台俯仰角度是指在倾斜航线状态时云台相机镜头朝向与水平线之间的夹角，相机朝上为正，相机朝下为负，如图 2-1-14 所示。可根据任务需求调整云台俯仰角度，云台俯仰角度可调整范围为 $-85°\sim-40°$。当测区内建筑高差较大时建议增加倾斜角度以拍摄出更多建筑物上层的影像，当测区内建筑密集时可以减小云台角度以拍摄出更多的楼宇间的影像。注意，当云台俯仰角度发生改变时，GSD(Ground Sampling Distance，地面采样距离，即数字影像的单个像素大小所对应的实际地面的距离) 的值也会随之发生变化。

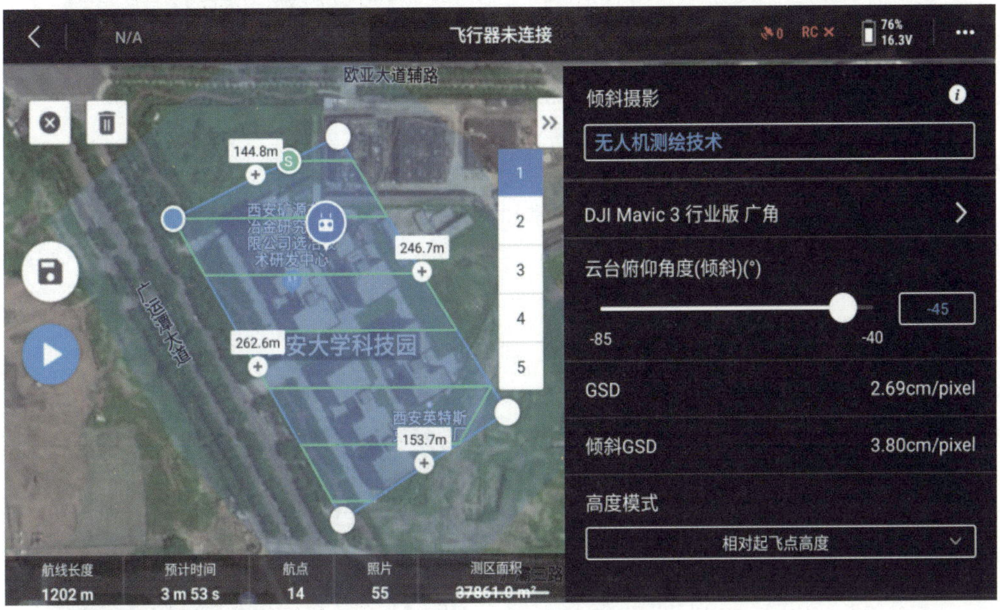

图 2-1-14　云台俯仰角度设置

(2) 航线高度设置。

航线高度是指无人机数据采集时相对地面的飞行高度。高度模式分为"相对起飞点高度"和"海拔高度 (EGM96)"。相对起飞点高度是指航线相对起飞点地面所在水平面的垂直距离，海拔高度 (EGM96) 是指飞行器相对于 EGM96 大地水准面的高度。现以"相对起飞点高度"为例，进行高度模式设置，设置内容包括航线高度、被摄面相对起飞点高度、安全起飞高度等参数，如图 2-1-15 所示。根据任务区域及任务区域周围建筑物高度，航线高度必须高于周边建筑。被摄面相对起飞点高度是指被摄物体相对于起飞点的高度。例如，在相对于被摄物高 10 m 的地方起飞，此时，被摄面相对起飞点高度应该设为 −10 m。安全起飞高度是指飞行器垂直起飞到一定安全距离的高度，例如：将安全起飞高度设置为 100 m，则在执行任务时，飞行器会垂直飞至 100 m 高后进入航线起始点 S。

高度模式设置

图 2-1-15　航线高度设置

(3) 航线速度设置。

　　航线速度设置包括起飞速度、航线速度、航线速度 (倾斜) 和主航线角度等参数设置，如图 2-1-16 所示。起飞速度是指飞行器起飞进入航线前的速度，并不是指飞行器垂直起飞的速度。起飞速度设置范围为 1 ～ 15 m/s，通常将起飞速度设置为 15 m/s，以保证执行任务的效率。航线速度是指正射影像航线飞行速度，航线速度 (倾斜) 是指倾斜摄影航线的飞行速度。主航线角度是指航线的飞行角度，可以根据任务需求进行调整。

图 2-1-16　航线速度设置

(4) 完成动作设置。

　　"完成动作"选项是用来设置飞行器完成航线任务后的下一步操作，如图 2-1-17 所示。如果选择"退出航线模式"，则在完成任务后，飞行器将会悬停在最后一个航点，等待遥控器发布下一个指令。如果选择"自动返航"，在完成航线任务后，飞行器将会直接飞回降落点。如果选择"原地降落"，在完成航线任务后，飞行器将会在最后任务的截止点进行原地降落。如果选择"返回航线起始点悬停"，飞行器在完成任务后将会飞回航线的起始点进行悬停，等待遥控器的下一步指令。

图 2-1-17　"完成动作"设置

步骤四：航线参数高级设置。

(1) 进入航线高级设置。

如图 2-1-18 所示，单击"高级设置"即可进入航线高级设置界面，可以进行旁向重叠率、航向重叠率、边距、拍照模式等设置操作。

图 2-1-18　航线高级设置界面

(2) 重叠率设置。

DJI Pilot 2 App 重叠率设置包括旁向重叠率、航向重叠率、旁向重叠率 (倾斜) 和航向重叠率 (倾斜) 设置。旁向重叠率是指在弓字形航线中相邻两条航线所拍摄照片的重叠率，旁向重叠率越高，则相邻的两条航线也就越近。航向重叠率是指在同一条航线中，先后连续拍摄的两张照片中所拍摄物的重叠率，例如，当航向重叠率为 70%，则两

重叠率设置

张照片所拍摄的重叠部分为 70%，如图 2-1-19 所示。

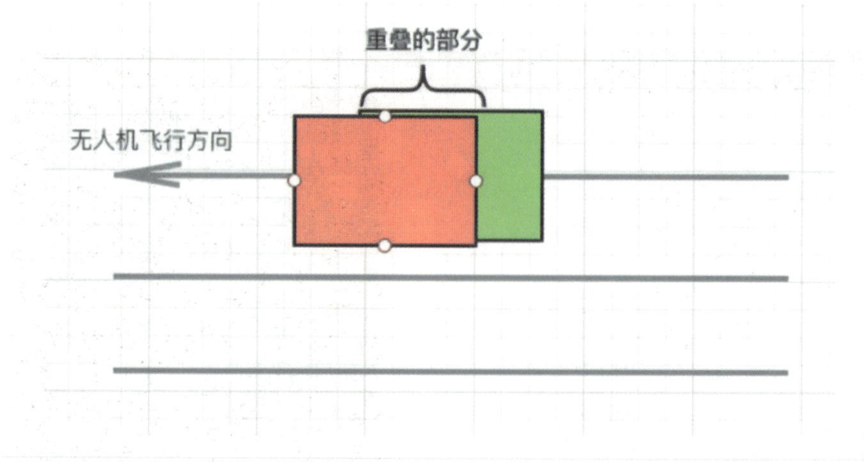

图 2-1-19　航向重叠示意

DJI Pilot 2 App 中旁向重叠率和航向重叠率针对的是第 1 条正射影像航线的重叠率，旁向重叠率（倾斜）和航向重叠率（倾斜）针对的是剩下 4 条倾斜摄影航线的重叠率。默认的正射航线旁向重叠率为 70%，航向重叠率为 80%；倾斜航线旁向重叠率为 60%，航向重叠率为 70%。该重叠率适用于大部分场景，也可以根据任务需求进行调整，如图 2-1-20 所示。

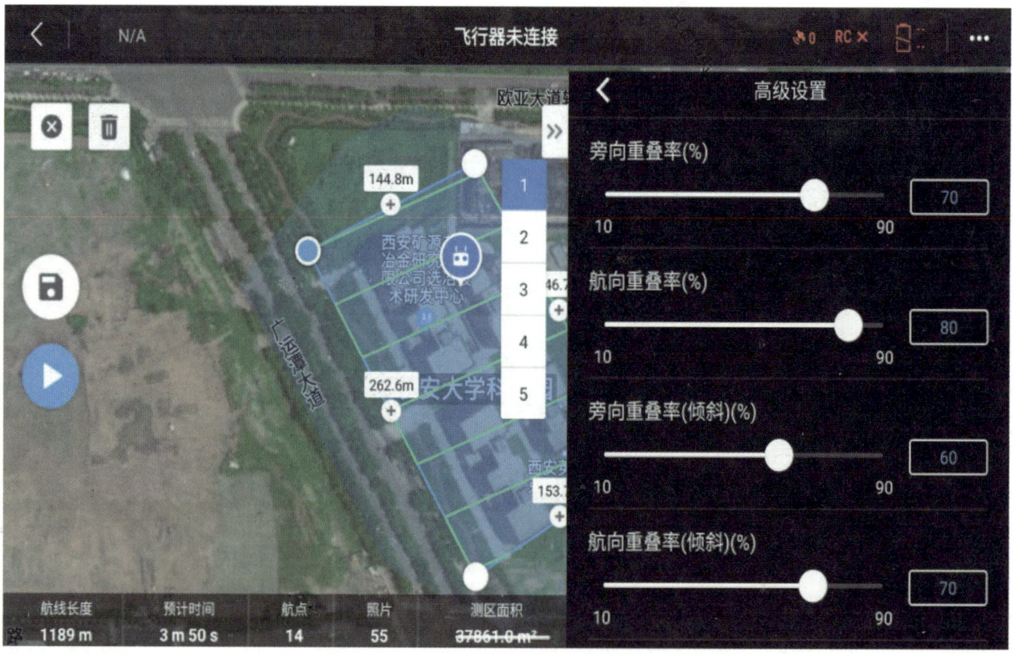

图 2-1-20　旁向、航向重叠率设置

(3) 边距设置。

边距是指航线超出测区拍照的范围，此设置是为了保证测区最外一层的素材采集成果，如图 2-1-21 所示。

图 2-1-21 边距设置

(4) 拍照模式设置。

拍照模式分为等时间隔拍照和等距间隔拍照，可根据任务需求选择拍照模式，如图 2-1-22 所示。等时间隔拍照是指无人机按照固定的时间进行拍照，等距间隔拍照是指无人机按照一定的飞行距离进行拍照。

图 2-1-22 拍照模式设置

(5) 储存航线。

当完成航线规划后，单击"储存"按钮 ⊟ 进行航线储存，在航线界面可查看储存的航线，如图 2-1-23 所示。

图 2-1-23　储存航线

(6) 相机设置。

单击相机 FPV 界面，进行相机设置。推荐相机模式为 M 档，ISO 感光度设置为 Auto，并根据需要设置快门与光圈。

注意：为减少运动模糊，快门速度建议快于 1/500 s。

5. 仿地飞行

在山区等高差较大的区域采集数据时，使用仿地飞行可使飞行器跟随地形变化调整飞行高度，确保飞行器与地面的相对高度保持不变，从而使各区域采集照片的 GSD 保持一致，提升测绘数据的精确性，同时确保飞行安全。

1) 实时仿地

实时仿地功能无需 DSM 模型文件，在飞行过程中通过飞行器的视觉系统实时探测前方 200 m 的地形起伏，实现仿地飞行。建议在环境和光线满足视觉系统工作条件且地形坡度小于 75° 的区域使用该功能。开启实时仿地功能并执行航线任务时，飞行界面右下角会显示飞行器前方 150 m 的地形走势以及飞行器对地高度信息。具体信息显示界面如图 2-1-24 所示。

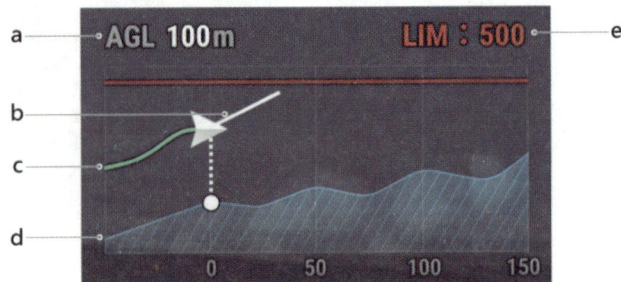

a—相对地面高度；b—飞行器速度方向；c—飞行轨迹线；d—地形走势线；e—限高

图 2-1-24　实时仿地信息显示界面

(1) 相对地面高度 (Above Ground Level，AGL)：飞行器距离正下方地面的高度。

(2) 飞行器速度方向：显示飞行器运动的速度矢量方向。

(3) 飞行轨迹线：显示飞行器已经飞过的飞行轨迹线。

(4) 地形走势线：显示飞行器当前所处区域内的地形走势。

(5) 限高：显示飞行器的限飞高度。

视觉系统远距离探测的范围为 80～200 m，超出该范围飞行时，无法进行实时仿地，请谨慎飞行。实时仿地无法在有悬崖陡坡、电线电塔等的场景下工作。由于视觉系统在能见度较低的场景无法正常工作，故在雨雪天气、存在雾气的环境无法正常使用实时仿地。飞行器无法主动探测水面距离进行实时仿地，不建议在大面积水面、海浪场景使用实时仿地。视觉系统无法识别没有纹理特征的表面，无法在光照强度不足或过强的环境中正常工作。

2) DSM 仿地

通过导入 DSM 文件，App 将生成一段变高航线。可通过以下两种方法获取测区范围内的 DSM 文件：

(1) 本地导入。

先采集测区的二维数据，通过大疆智图进行二维建模，建模时重建类型选用"果树场景"生成的 gsddsm.tif 文件为进行仿地的高程文件，将其导入遥控器 microSD 卡中。

(2) 网络下载。

网络下载是指在公开的地形数据下载网址中下载包含测区的地形数据，将其导入遥控器 microSD 卡中。使用该方法时，须注意以下三点：

① 通过下载高程数据库为 ASTER GDEM V3 的开源数据，可直接使用其数据获得 DSM 文件。

② 需确保使用的 DSM 文件的坐标系统为地理坐标系，而不是投影坐标系，否则将无法导入识别。同时，导入的地形分辨率不宜太高，建议分辨率低于 10 m。

③ 确保测区范围在 DSM 文件范围内。开源高程数据库可能存在误差，需确保下载的地形数据的准确性、真实性和有效性。

任务二　无人机航测像片控制点

一、无人机像片控制点作用

在航测前期，为了确保无人机航测的精度和准确性，必须提前完成像片控制点的布设工作。这些地面控制点在航测数据处理、影像校正、坐标系调整等多个环节中扮演着关键角色，为地理信息测量和分析提供了坚实可靠的数据基础。

为了获取像片控制点的精确位置信息，需要进行像片控制测量。像片控制测量是指在实地测定像片控制点平面位置和高程的测量工作。这些测量数据主要应用于空中三角测量（空三加密）。空中三角测量是指利用航摄像片与目标之间的空间几何关系，结合少量像片平面控制点和高程控制点，精确计算出待求点的平面位置、高程以及像片外方位元素。这种测量方法不仅提高了航测的精度，也为后续的地理信息分析提供了更加准确可靠的数据支持。

像片控制点，简称像控点，是航空摄影测量解析空三加密和测图的基础，其位置的选择、平面位置和高程的测定直接影响到内业成图的精度。像控点要能包围测区边缘，以控制测区范围内的位置精度，一方面，纠正飞行器因定位受限或电磁干扰而产生的位置偏移、坐标精度过低等问题；另一方面，纠正飞行器因气压计产生的高层差值过大等问题。只有每个像控点都按照一定标准布设，才能使得内业作业时更好地进行数据处理，进而使测绘成果达到一定精度。

二、无人机像片控制点布设原则

无人机像片控制点作用及布设原则

像片控制点布设原则可以分为不同飞行区域控制点布设和不同机型控制点布设两种类型。

1. 不同飞行区域像片控制点布设原则

像片控制点布设原则可根据不同飞行区域形状进行分类，具体分为规则矩形和正方形、不规则图形、带类图形。

不同飞行区域像片控制点布设原则

1) 规则矩形和正方形

小面积飞行测量区域最少布设 5 个像控点，一般为航飞区域内 4 个角各 1 个，区域中间 1 个。大面积区域应相应地增加飞行区域像控点，如图 2-2-1 所示。

图 2-2-1　规则矩形和正方形像片控制点布设图

2) 不规则图形

通常情况下，执行航测任务时，飞行区域并不是规则的图形，这就需要根据地形来

布设像片控制点，保证布设的像片控制点能均匀覆盖整个测区。像片控制点布设需按照
100～150 m 的间距严格布设以保证成果精度，如图 2-2-2 所示。

图 2-2-2　不规则图形像片控制点布设图

3) 带状图形

河道和公路等带状区域像片控制点布设通常采用"Z"字形布设方法，也就是带状区
域两侧各 1 个像控点，带状区域两侧像控点相对于带状区域呈轴对称分布，带状区域中间
1 个像控点，具体如图 2-2-3 所示。除此之外，带状区域像控点布设还可采取"S"字形布
设方法，但实际项目实施时"S"字形布设方法的高程精度不是很理想，如果面积区域很
大且精度要求较低时，可采取"S"字形布设方法。

图 2-2-3　"Z"字形像片控制点布设

2. 不同机型像片控制点布设原则

不同机型像片控制点布设要综合考虑相机像素大小、飞行高度和
机型等方面，具体布设原则如下：

(1) 相机像素大小：飞机相机像素大小不同，布设像控点的密度也
不同，相机像素越高，布设像控点的密度越小。

(2) 飞行高度：飞行高度越低，布设像控点密度越大。

(3) 机型：理论上带 PPK(Post Processing Kinetic，后差分系统) 的
无人机布设像控点数量比不带 PPK 的无人机减少 80%，但带 PPK 的

PPK 后处理差分
技术的工作原理

无人机飞行距离和所架设的静态基站间直线距离应保持在 10 km 之内。

(4) 布设建议：不带差分 GPS 每平方千米 4 ～ 5 个像控点，带差分 GPS 每平方千米 1 ～ 2 个像控点，理想状态下像控点呈现米字形分布，如图 2-2-4 所示。

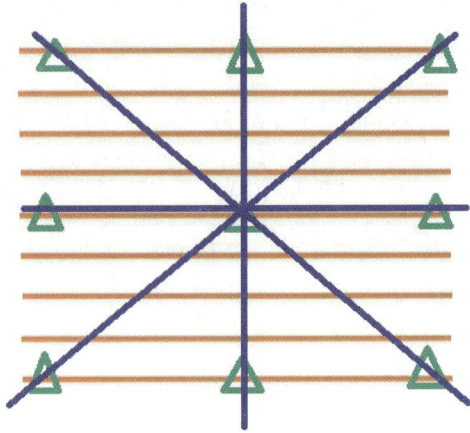

图 2-2-4　米字形像控点布设

(5) 像控点布设密度：像控点布设密度首先要考虑测区地形和精度要求。如果地形起伏较大，地貌复杂，需增加 10% ～ 20% 像控点的布设数量。如果无人机带有 RTK 或 PPK，可以根据项目测试经验自行调整像控点的密度，具体如表 2-2-1 所示。

表 2-2-1　含后差分系统像控点布设参考表

影像分辨率 /cm	像控点密度	项目类型
1.5	100 ～ 200 m/ 个	地籍高精度测量
2	200 ～ 300 m/ 个	1∶500 地形图测量
3	300 ～ 500 m/ 个	1∶1000 地形图测量
5	500 m/ 个	常规规划测量设计

3. 像片控制点布设要求

根据测量精细度要求，像控点布设要求包括以下几点：

(1) 像控点在测区内构成一定的几何强度。像控点要在整个测区均匀分布。

点位应尽量选择在高程变化不大的地面上，选择固定、平整、清晰易识别、无阴影、无遮挡的区域，如斑马线角点、房屋顶角点，以方便内业数据处理人员查找。如果无明显地标可通过人工喷油漆或撒白灰进行地标设置。

如果选择地物作为特征点，应该选择比较大的地物，并且提供 2 ～ 4 张现场照片说明像控点的位置。其中，需要有 1 张照片包含像控点近景，且有 1 张照片包含像控点周边景物。

(2) 平高点尽量刺在矮墙、低房、平地上，高程点和检查点刺在空旷的平地上，以便

像片控制点布设要求

于观测和提高高程精度。所有的点位应避开楼群、高压电线、发射塔、大树等对 GPS 信号接收有影响的障碍物，点的位置还应有利于交通和仪器设备使用。

(3) 内业预选点位难以测量时，在确保纠正精度的前提下，允许根据实地情况在预选点附近调整点位。

(4) 像控点和周边色彩需要形成鲜明对比，如果周边是深色，则标志以浅色为主；如果地面周边以浅色为主，则标志物以深色为主，如图 2-2-5 所示。

图 2-2-5　像控点样例

(5) 像控点需选择较为尖锐的标志物，尽量选择平坦地方，避开树下、房角等容易被遮挡的地方，如果进行人工选择像控点，像控点尽量选择持久标志物。像控点标志物尺寸应大于 70 cm，并且不易出现方向性错误。如果采用喷漆布设像控点，喷漆宽度不得低于 30 cm 且棱角分明。

(6) 像控点布设完成后，需要生产像控点的 KML 文件。

三、无人机像片控制点布设与测量流程

无人机像片控制点布设与测量流程依次为像控点选点与线路规划、像控点布设、像控点数据采集、像控点数据导出与整理。

1. 像控点选点与线路规划

(1) 根据成图比例尺、航测设备配置，计算出合理的像控点分布密度和间距，结合航摄区域地形地物等实际情况，确定像控点的具体位置，使用奥维地图或谷歌地图等软件对像控点位置进行标记。

(2) 在地图上规划出像控点布设时合理的线路，以便于提高外业布设效率。

(3) 将像控点和规划线路进行导出，并导入到移动端设备的地图软件，便于布设时使用。

2. 像控点布设

准备布设像控点使用的腻子粉、油漆或专用布等，打开移动端设备的地图软件并导航到规划的像控点所在位置，根据不同的地形环境选择合理的布设方式。

3. 像控点数据采集

像控点数据采集工作遵循"先整体后局部，先控制后碎部"的原则进行，采用 CORS(Continuously Operating Reference Stations，连续运行参考站系统)、GPS 网、GPS-

（实操）无人机像片控制点布设与测量流程

RTK 等方法都可以快速获取像控点平面位置和高程。

像控点的精度是影响正射影像成果图精度的一个非常重要的因素，因此进行像控点数据采集时必须严格按照相应的规范操作。像控点数据采集前，首先检查仪器是否能正常连接并正常搜星，确保在固定解状态下建立工程项目，以前期布设的像控点作为起算点求取转换参数，然后设置成平滑采集模式。像控点数据采集时，对中杆应垂直地面，务必保证对中杆水平仪气泡居中，然后逐一采集并保存像控点坐标数据。采集像控点时建议两人配合进行，随时做好点之记，点位描述应清楚明了，确保后期刺点顺利进行。像控点数据采集的要求和规定满足《1：500 1：1000 1：2000 地形图航空摄影测量外业规范》规定，像控点精度规定参考表 2-2-2。

表 2-2-2 像控点精度规定

等级	点位中误差 /m	高程中误差	观测次数
像控点	≤ ±0.1	1/10 等高距	2

像控点坐标的采集使用 RTK。为保证像控点和航测像片 POS 坐标系处于同一坐标系内，使用 RTK 网络差分的方式采集数据时需要保证无人机连接的网络 CORS 接入点、端口要和 RTK 接收机连接的一致。

(1) 开机连接 CORS 得到固定解后一般不要立即测量，首先检查一下水平残差 HRMS 和垂直残差 VRMS 的数值，看其是否满足项目的测量精度要求，正常情况下不小于 0.02 m。

(2) 像控点和检查点采集分两次观测，每次采集 30 个历元，采样间隔 1 s。在采集过程中保证对中杆水平仪的气泡始终处于居中状态。

采集采用 RTK，其标称精度满足以下要求：

水平标称精度：± 10 mm + 2 ppm；垂直标称精度：± 20 mm + 2 ppm。

GPS 测量时，观测时间应超过 15 s，每点观测两次，观测值应在得到 RTK 固定解且收敛稳定后开始记录，每次测量的平面坐标分量较差不应大于 2 cm，垂直坐标分量较差不应大于 3 cm。两次结果取平均值，作为该像控点测量的最终成果。

(3) 每个控制点采集完毕后，对像控点至少拍摄 3 张照片，分别为 1 张近照、2 张远照。如果 3 张不够可拍摄多张。近照要求对准杆尖落地处，远照的目的是反映刺点处与周边特征地物的相对位置关系，便于空三内业人员刺点，如图 2-2-6 所示。

图 2-2-6 像控点拍摄照片示例

4. 像控点数据导出与整理

像控点数据导出与整理通常按照以下要求进行：

(1) 像控点和检查点成果表分开保存，每个点均保存大地坐标和投影平面坐标。默认大地坐标为 CGCS2000，投影坐标为高斯－克吕格投影 3°分带，中央子午线 114°。

(2) 整理像控点和检查点的照片，每一个控制点分别建立一个文件夹，将所拍的像控点照片分类，并放入相应点的文件夹中，使点号、点位与照片一一对应。在文件夹外保存所有像控点和检查点的 .csv 文件。

任务三　无人机航测正射影像

一、无人机航测正射数据采集概述

无人机航测正射
数据采集概述

1. 正射影像简介

数字正射影像图是对航空航天像片进行数字微分纠正和镶嵌，按一定图幅范围裁剪生成的数字正射影像集，是采用专用设备对原始遥感影像进行几何处理得到的具有正射投影性质的遥感影像。原始遥感影像因成像时受传感器内部状态变化、外部状态及地表状况的影响，均有程度不同的畸变和失真，故需要对遥感影像进行几何处理，提取其空间信息并按正确的几何关系对影像灰度进行重新采样，形成具有地图几何精度和影像特征的图像。

2. 无人机正射影像的特点和应用

无人机正射影像是一种新型数字测绘产品，有着广阔的应用前景。无人机正射影像具有信息量大、地物直观、层次丰富、色彩准确、易于判读、工作效率高、生产周期短等特点。当它应用于城市规划、土地管理、土地调查等方面时，通过真实的影像、丰富的色彩客观反映地表现状，人们可直接从图上了解或测量所需数据和资料，甚至能得到实地踏勘无法得到的信息和数据，从而减少现场踏勘的时间，提高工作效率。数字正射影像还具有遥感专业信息，通过计算机图像处理可进行各种专业信息的提取、统计与分析，如农作物、绿地调查，森林覆盖及病虫害，水体及环境污染，道路、区域面积统计等。

3. 无人机航测正射数据采集原理

正射影像采集又称影像的正射纠正，按照摄影过程的几何反转原理，将航摄底片投影在承影面上，所获得的影像是消除了像片倾斜角影响的中心投影影像，但对于山地来说，地形起伏引起的位移仍然存在。如果按地形起伏改变投影的高度，逐点进行投影，则在承影面上可得到比例尺统一的地面的正射投影。以这种方式进行投影晒像，就可得到消除了像片倾斜和地形起伏影响的比例尺统一的正射像片。

二、无人机航测正射数据采集任务系统调试

（实操）无人机航测
正射数据采集任务
系统调试

以 DJI Mavic 3 行业系列无人机飞行平台为例，介绍无人机航测正射数据采集任务系统调试的步骤。

1. DJI Mavic 3 行业系列无人机飞行平台

DJI Mavic 3 行业系列无人机飞行平台配备水平全向、上视、下视视觉系统及红外传感系统，可在室内外稳定悬停、飞行，具备自动返航和全向障碍物感知功能。高性能多相机负载，使用高精度三轴云台实现增稳，配合 DJI Pilot 2 App 可实时查看多相机的观测画面和数据。飞行器内置 DJI AirSense 可检测周围航空器情况，机身配备夜航灯，并且可搭载指定配件以适应安防、巡检、测绘等不同应用场景，如图 2-3-1 所示。

图 2-3-1　DJI Mavic 3E 飞行器

2. 激活飞行器

开启遥控器和飞行器电源，遥控器与飞行器出厂时已完成对频，打开 DJI Pilot 2 App，App 将自动弹出激活页面。阅读相关条款并授权设备信息，选择设备使用场景，确认激活账号信息，依次单击"激活"→"立即重启"完成激活。

3. 对频

对频时保持飞行器与遥控器的距离在 50 cm 以内，开启遥控器和飞行器电源。

1）遥控器对频方法

方法一：使用 App 对频。

打开 DJI Pilot 2 App，在 App 首页点击"遥控器对频"。

方法二：使用快捷组合键对频。

同时按下 C1、C2 及录像键，当遥控器发出"嘀嘀嘀"的提示音时，且遥控器状态指示灯蓝色闪烁，即可开始对频，如图 2-3-2 所示。

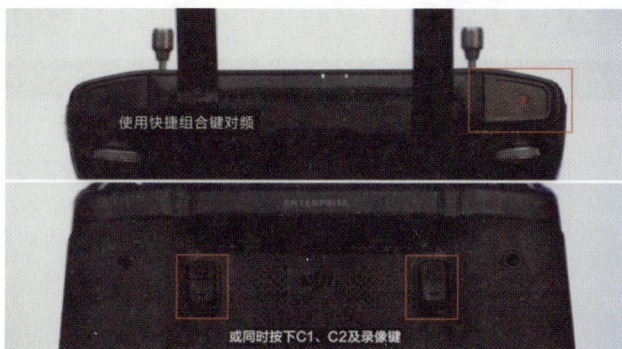

图 2-3-2　使用快捷组合键对频

2) 飞行器对频方法

长按飞行器电源键 5 s 以上，听到指示音"嘟——嘟嘟"后松开，电源指示灯开始跑动，同时飞行器进入对频状态。当遥控器提示音停止且状态指示灯显示绿色常亮，飞行器电源指示灯停止跑动且恢复至电量显示状态，待 App 首页显示飞行器图标及名称，即表示对频成功。

4. 固件升级

飞行时飞行器与遥控器应使用最新版本固件，升级前确保飞行器电量在 25% 以上，遥控器电量在 50% 以上。飞行器与遥控器有以下 3 种固件升级方法。

1) DJI Pilot 2 App 升级

确保遥控器和飞行器处于正常连接状态，当遥控器连接到网络时，App 将会自动检查飞行器和遥控器的固件版本是否需要升级，如图 2-3-3 所示。

图 2-3-3　飞行器固件升级提示

当 DJI Pilot 2 App 出现新固件升级提示时，进入升级页面，点击"一键升级"进行升级，升级过程中请勿关闭电源或退出 App。升级期间飞行器自动重启属于正常现象，请勿关闭飞行器。当 App 提示"升级成功"时，表示固件升级完成。

2) 离线升级

进入 DJI Mavic 3 行业系列官网下载页面，下载最新离线升级固件包，将升级固件包拷贝至遥控器内，如图 2-3-4 所示。

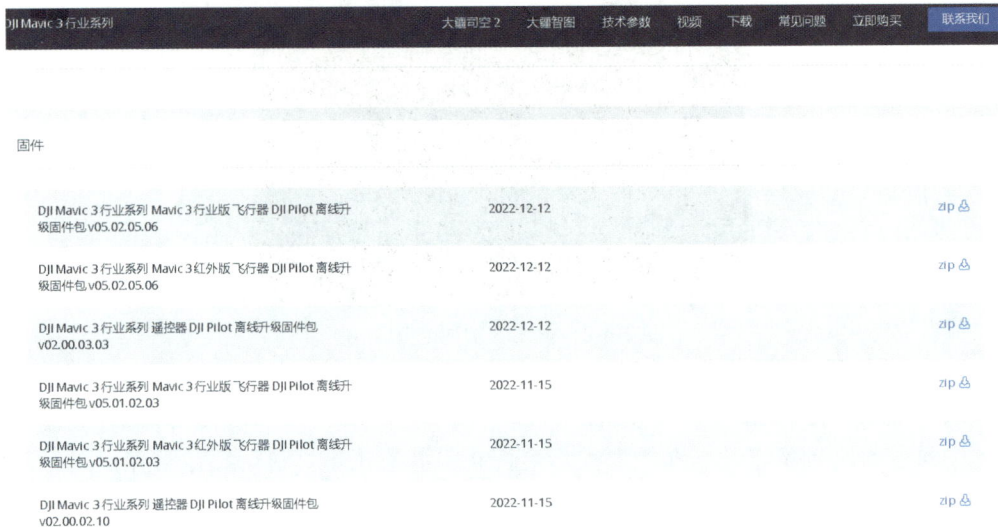

图 2-3-4　离线升级固件包下载界面

(1) 拷贝方法一：将离线固件包拷贝至遥控器内置存储根目录下。

(2) 拷贝方法二：将离线固件包拷贝至 SD 卡根目录下，将 SD 卡插入遥控器中。

　　拷贝完成后，打开 DJI Pilot 2 App，单击进入健康管理系统，依次单击"固件升级"→"离线升级"→选择升级包→"一键升级"，设备将自动开始固件升级，如图 2-3-5 所示。升级完成前，请勿关闭飞行器和遥控器电源且禁止取出遥控器 SD 卡，以免对设备造成损害，升级完成后设备将会自动重启。

图 2-3-5　固件升级设置界面

3) DJI Assistant 2(行业系列) 升级

　　使用数据线将飞行器或遥控器连接至计算机 (遥控器与飞行器升级方法相同)，打开 DJI Assistant 2(行业系列) 软件并登录 DJI 账号。选择已连接的设备，单击左侧"固件升级"以等待刷新固件列表，在固件列表选择最新固件，单击"升级"按钮，如图 2-3-6 所示。

图 2-3-6　DJI Assistant 2 软件固件升级界面

在升级过程中，请勿关闭电源，禁止退出 DJI Assistant 2(行业系列) 软件或断开数据线。升级完成后，设备将会自动重启。若升级失败，重启设备后再次尝试。

三、无人机航测正射航线任务规划

无人机航测正射航线任务规划的主要内容包括接收任务与资料准备、航拍航线设置等。

1. 接收任务与资料准备

在接收到任务需求单后，通过任务需求分析，进行合理的任务规划和人员设备部署。具体内容如下：

1) 测区范围和地形地貌分析

根据任务要求确定作业区域范围并了解测区情况，收集任务区域的相关资料，充分了解测区的地形地貌和气象条件等情况。

2) 成果类型和精度要求

分析项目类型和所需成果，根据测区范围选择无人机和其他相关任务设备，并配置车辆和团队人员。

3) 申请空域

综合分析并制定飞行计划，待确定好任务机型、任务挂载、飞行区域、飞行类型和操作人员等内容后，填写空域申请单，向空中管制部门发起空域飞行申请。

4) 测区勘察

正式实施航飞任务前，先在卫星地图上选择并标记合适的起降场地，再到现场勘探进行确定。

2. 基于 DJI Mavic 3E 建图航拍的航线设置

基于 DJI Mavic 3E 建图航拍的航线设置操作如下所述：

（实操）无人机航测正射航线任务规划

(1) 进入 DJI Pilot 2 App 航线任务界面进行创建航线或航线导入。待航线区域创建或导入完成后，在地图界面通过点击和拖动边界点调整测区范围，单击边界点中间的➕，可添加边界点，并可在右侧参数栏调整该点的经纬度。单击🗑可删除选中的边界点，单击⊗可删除所有边界点，如图 2-3-7 所示。

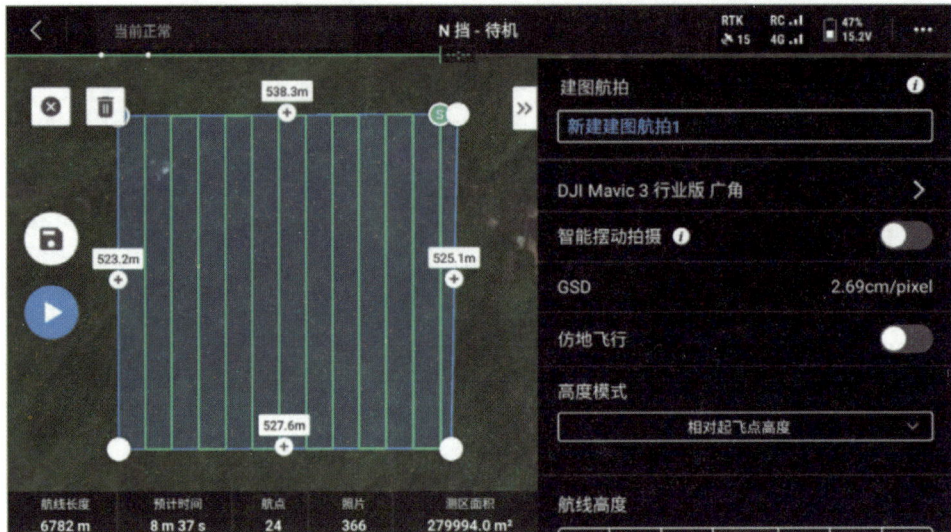

图 2-3-7　调整测区范围界面

(2) 设置任务名称,并选择采集航测数据相机。依次设置高度模式、飞行高度、起飞速度、航线速度、主航线角度、完成动作、旁向重叠率、航向重叠率、边距和拍照模式等航线参数，并开启高程优化选项。航线参数描述详见表 2-3-1。

表 2-3-1　航线参数描述

参　数	描　　述
高度模式	相对起飞点高度：飞行器相对起飞点的高度，航测作业推荐使用该选项，此时会出现"被摄面相对起飞点高度"(被摄面相对起飞点高度＝被摄面的高度－起飞点高度)； 海拔高度：飞行器相对于 EGM96 大地水准面的高度，此时会出现"航线相对被摄面高度"(航线相对被摄面高度＝航线高度－被摄面的高度)
安全起飞高度	飞行器起飞后，会先上升至安全起飞高度 (相对起飞点的高度) 后，再飞向航线起始点
起飞速度	飞行器起飞达到航线高度后，进入航线前的飞行速度。该速度并非飞行器垂直起飞的速度，建议设置到最大，提高作业效率
航线速度	飞行器进入航线后的作业速度，此速度与 GSD 和航向重叠率有关
主航线角度	可以调整航线方向，同时可以调整航线的起止位置，注意不同航线方向任务预计的时间不同。可通过调整主航线角度，规划预计时间最小的任务，提高作业效率

参　　数	描　　述
高程优化	开启后飞行器会在作业结束后飞向测区中心，采集一组用于优化高程精度的倾斜影像。如果是正射作业，且对高程精度要求较高，建议开启该选项
完成动作	飞行器完成作业后执行的飞行动作，默认选择为自动返航
旁向重叠率 / 航向重叠率	旁向重叠率是两条航线间照片的重叠率；航向重叠率是单条航线上照片的重叠率。 重叠率是影响后期模型重建成功的关键因素之一。DJI Pilot 2 默认旁向重叠率为 70%，航向重叠率为 80%，适用于大部分场景。若测区平坦无起伏，可适当降低重叠率，以提高作业效率，若测区起伏较大，建议提高重叠率，以保证重建效果
单航线	开启单航线功能后，会在测区中心生成航线，此功能适用于只对测区中心进行拍摄的场景，比如石油管线巡检
向左外扩距离 / 向右外扩距离	通过调整航线向左右两侧外扩的距离来规划航带范围。开启同时调整外扩距离后，航带范围相较于航线中心保持对称
航带切割距离	调整航带切割距离可将带状区域进行分割，分割成小区域进行作业，主要是考虑飞行器的通信范围，尽量保证小区域内不会发生失控的现象
是否包含中心线	开启后将沿中心线向外生成航线。此选项会保证在带状区域中心生成航线
边缘图像优化	在当前规划区域外侧新增航线，以拍摄更多测区边缘的照片。对于主要拍摄边缘区域的物体如河道，可打开此开关。

(3) 单击 💾 保存任务，再单击 ▶ 上传航线并执行飞行任务。

四、无人机航测正射数据采集与检查

（实操）无人机
航测正射数据
采集与检查

1. 数据采集

数据采集按照下述步骤进行。

1) 飞行器准备

依次展开飞行器机臂，检查桨叶安装是否正确，按压云台保护罩卡扣取下云台保护罩。

2) 安装 RTK 模块

打开飞行器扩展接口保护盖，将 RTK 模块安装至机身顶部，确保 RTK 模块 Type-C 接口完全插入至飞行器扩展接口内，然后拧紧模块底座两侧螺丝，如图 2-3-8 所示。

图 2-3-8　安装 RTK 模块

注意：RTK 模块不支持热插拔使用，激活前请确保遥控器正常接入网络。

3）网络 RTK 服务激活与使用

依次启动遥控器电源和飞行器电源。单击打开 DJI Pilot 2 App，根据界面提示完成 RTK 模块激活，激活成功后进入飞行界面，开始连接服务器，单击菜单栏选择 RTK 服务为"网络 RTK"，随后根据提示关机重启。重启后再次进入"网络 RTK"菜单，单击 RTK 服务中心，根据需要领取合适的 RTK 服务并进行启用，将 RTK 坐标系选择为"WGS84"。此时，状态栏显示"连接成功 RTK 数据使用中"，且飞行器定位显示为"FIX"，代表 RTK 连接成功，即可开始执行飞行任务。

使用第三方网络 RTK 服务时，可将"RTK 服务类型"设置为"自定义网络 RTK"，依次填写服务器、端口、账号、密码及挂载点信息，单击"设置"开始连接服务器，当状态栏显示"连接成功 RTK 数据使用中"，且飞行器定位显示为"FIX"，即可开始执行飞行任务。

与 D-RTK2 移动站搭配使用时，需完成 D-RTK2 移动站设置。开机后长按模式按键，选择对应的 D-RTK2 移动站，完成连接。若无法搜索到移动站，可根据 App 提示进行排查。当状态栏显示"连接成功 RTK 数据使用中"，且飞行器定位显示为"FIX"，即可开始执行飞行任务。

注意：

(1) 使用网络 RTK 功能时，确保遥控器正常接入网络。

(2) 与 D-RTK2 移动站搭配使用时，需将 D-RTK2 移动站架设在空旷、无遮挡的环境。

4）飞行前检查与准备

飞行前检查与准备工作如下所述：

(1) 确保遥控器和飞行器电池电量充足，且智能飞行电池安装稳固。

(2) 确保飞行器螺旋桨安装紧固、无破损、变形，电机和螺旋桨干净无异物，螺旋桨和机臂完全展开。

(3) 确保移除相机和视觉系统的保护膜，保证飞行器的视觉传感器、相机镜头、红外传感器、补光灯镜片无异物、脏污或指纹等现象。

(4) 确保移除云台保护罩，云台能够无阻碍地进行活动。

(5) 确保 microSD 卡和 PSDK 接口盖子均已盖紧。

(6) 确保遥控器天线已展开。

(7) 确保固件以及 DJI Pilot 2 App 已经更新至最新版本。

(8) 检查遥控器状态指示灯和飞行器电池电量指示灯是否显示为绿灯常亮，确保飞行器与遥控器对频状态正常。

(9) 确保飞行场所处于飞行限制区域之外，且飞行场所适合飞行。

(10) 根据"飞前检查"列表对飞行器相关参数进行检查，确保参数设置符合自身需求，如图 2-3-9 所示。

图 2-3-9　飞前检查界面

(11) 手动检查遥控器功能及飞行功能是否正常。

5) 航线任务执行

打开提前规划好的任务航线并进行检查，检查完毕单击左侧 ▶ 按键开始执行航线任务。作业完成后，飞行器将根据规划设置，默认自动返航，可开始下一个任务。

注意：

(1) 在飞行作业中，将遥控器天线切面面向飞行器以获得最佳信号。

(2) 如果任务完成前出现电池电量不足，可手动结束任务。App 将自动记录断点，待更换电池后可继续执行。

6) 关机与收纳

关闭飞行器和遥控器电源，将 RTK 模块从机身上移除，扣合飞行器扩展接口保护盖，将 RTK 模块收纳于飞行器安全箱中。安装云台保护罩，将飞行器和遥控器装入安全保护箱中，如图 2-3-10 所示。

图 2-3-10　收纳飞行器

2. 数据导出与整理

数据导出与整理包括以下 5 项内容。

1) 任务航线导出

将执行正射影像拍摄的航线按任务架次或航摄区域进行分类导出,并对文件进行命名,存储到电脑或硬盘存储设备中。

2) 基站点坐标导出

将飞行作业基站点坐标按任务架次或航摄区域进行分类导出,并对文件进行命名,存储到电脑或硬盘存储设备中。

3) POS 数据导出

将飞控中记录的 POS 数据按任务架次或航摄区域进行分类导出,并对文件进行命名,存储到电脑或硬盘存储设备中。大疆航测设备照片信息中附含 POS 点信息,不需要单独导出。

4) 照片导出

执行完任务后将航测相机中的照片按任务架次或航摄区域进行分类导出,并对文件夹进行命名,存储到电脑或硬盘存储设备中。

5) 云 PPK 解算数据导出

可使用第三方 PPK 解算软件进行解算,将解算结果存储到电脑或硬盘存储设备中。

3. 数据检查

数据采集完成后要在第一时间完成数据检查。检查所拍摄的照片以及 POS 数据的质量,确定照片数量与 POS 个数一一对应,无漏片情况;重叠度、分辨率达到预设要求,完全覆盖测区范围,同一航线上两相邻照片高差应小于 30 m,航高最高处与最低处差值不应大于 50 m,设计航高与实际飞行航高差值应保证小于 50 m;照片无跑焦、拉花现象,保证能清晰、真实地反映地表细节,对因云雾遮挡、阴影等导致质量不合格以及有影像漏洞的照片及时进行补摄,并对数据进行备份。

任务四　无人机航测倾斜摄影

一、无人机倾斜摄影数据采集概述

1. 倾斜摄影简介

倾斜摄影技术是国际测绘领域近些年发展起来的一项高新技

（实操）无人机倾斜摄影数据采集概述

术，它颠覆了以往正射影像只能从垂直角度拍摄的局限，通过飞行平台上搭载的传感器，从 1 个垂直、4 个倾斜共 5 个不同的角度采集影像，采集的影像将更加符合人眼视觉的真实直观世界，如图 2-4-1 所示。

图 2-4-1　倾斜摄影模型

2. 倾斜摄影的特点和应用

倾斜摄影影像中包含丰富的真实环境信息，可对影像信息的数据深度挖掘。该数据具有高效率、低成本、数据精确、操作灵活、侧面信息可用等特点。由于倾斜影像为用户提供了更丰富的地理信息、更友好的用户体验，极大调节了测绘内、外业的协同工作，该技术已经被广泛应用于应急指挥、国土安全、城市管理、房产税收等行业。

3. 倾斜摄影数据采集原理

在传统无人机摄影测量的基础上，增加向前、后、左、右 4 个方向的传感器镜头，以获取地面物体更为完整准确的信息。垂直地面角度拍摄获取的影像称为正片，镜头朝向与地面成一定夹角拍摄获取的影像称为斜片。基于多角度影像信息、控制点信息和影像 POS 信息建成的三维影像上每个点都会有三维坐标，在三维影像上可对任意点、线、面、体进行测量，获取厘米级的测量精度，并自动生成三维地理信息模型，快速获取地理信息，对建筑物等地物高度进行直接量算。

倾斜摄影数据
采集原理

二、无人机倾斜摄影任务系统调试

以经纬 M300 RTK 无人机飞行平台和禅思 P1 相机的调试为例，了解无人机倾斜摄影任务系统的调试步骤。

1. 经纬 M300 RTK 无人机飞行平台调试

经纬 M300 RTK 无人机是一款小型多旋翼高精度航测无人机，面向低空摄影测量使用，如图 2-4-2 所示。该系统具有成本低、飞行可

（实操）无人机
倾斜摄影任务
系统调试

靠性高、操作使用简单、起飞和着陆场地要求低、定位精度高等特点，可以满足倾斜摄影测量与快速三维建模对数据获取的要求。

图 2-4-2   经纬 M300 RTK 无人机搭载禅思 P1

1）飞行器激活

(1) 激活前准备。开启遥控器与飞行器电源，确保遥控器网络连接状态正常。

(2) 激活实施。激活过程中，确保飞行器与遥控器处于连接状态。打开 DJI Pilot 2 App，App 显示激活页面，授权使用相关激活信息，选择设备使用场景，确认激活账号信息，单击"激活"，单击"立即重启"完成激活。

2）固件升级

固件升级包括飞行器和遥控器升级、电池箱升级、D-RTK 2 移动站升级。在升级前，确保飞行器、遥控器电池电量在 50% 以上。

(1) 使用 DJI Pilot 2 App 进行飞行器和遥控器升级。

开启飞行器和遥控器，并确保飞行器和遥控器连接状态正常。当遥控器连接到网络时，App 将会自动检查飞行器和遥控器的固件版本是否需要升级。当 DJI Pilot 2 App 出现新固件升级提示时，单击升级提示，进入升级页面，单击"一键升级"。当 App 提示"升级成功"时，表示固件升级已完成。

注意：

① 升级过程中请勿关闭电源或退出 DJI Pilot 2 App。

② 升级过程中飞行器自动重启属于正常现象，请勿关闭飞行器。

(2) 使用 DJI Pilot 2 App 进行电池箱升级。

使用 DJI Pilot 2 App 可以进行电池箱固件升级，也可以对 TB60 智能飞行电池进行批量固件升级。使用电源线连接电池箱至交流电源，开启电池箱电源，使用连接线连接电池箱至遥控器，开启遥控器电源并运行 DJI Pilot 2 App。当 App 提示"电池箱有新的固件可升级"时，单击进入健康系统页面，单击"电池箱固件升级"，进入升级页面，单击"一键升级"，等待约 10 min 即可完成固件升级。

注意：

① 电池固件升级时，电池箱会停止对电池充电。

② 若要对多块 TB60 智能飞行电池进行固件升级，只需将电池同时置入电池箱中进行上述步骤即可。

(3) 使用 DJI Assistant 2 for Matrice 软件进行飞行器、遥控器和 D-RTK 2 移动站升级。

使用连接线，分别将飞行器、遥控器和 D-RTK 2 移动站连接至电脑，开启设备电源，打开 DJI Assistant 2 for Matrice 软件，登录 DJI 账号，选择已连接的设备，单击左侧"固件升级"，等待刷新固件列表，选择最新固件，单击"升级"按钮即可开始升级。

注意：

① 在升级过程中，禁止关闭电源、退出 DJI Assistant 2 for Matrice 软件或断开数据线。

② 升级完成后，设备将会自动重启；若升级失败，重启设备后重新尝试。

3) 遥控器和飞行器对频

开启飞行器时，如果飞行器尾部状态指示灯显示为黄灯快速闪烁，且遥控器状态指示灯显示为红灯常亮，表示飞行器和遥控器处于未连接状态，此时需要进行对频操作。

(1) 遥控器对频操作。

方式一：使用遥控器组合按键。

同时按下遥控器自定义按键 C1、C2 和录影按键，此时遥控器状态指示灯显示为蓝灯闪烁，并发出"嘀嘀"提示音，遥控器进入对频状态。

方式二：使用 DJI Pilot 2 App。

打开 DJI Pilot 2 App，进入"遥控器设置"页面，单击"遥控器对频"按钮，在"确认要进行对频吗？"对话框下选择"确定"，显示屏显示倒数对话框，并发出"嘀嘀"提示音，遥控器进入对频状态。

方式三：使用显示屏快捷按键。

在遥控器显示屏首页上方，滑动下拉遥控器快捷面板，单击"对频"按键，此时遥控器状态指示灯显示为蓝灯闪烁，并发出"嘀嘀"提示音，遥控器进入对频状态。

(2) 飞行器对频操作。

待遥控器进入对频状态后，长按飞行器电源按键 5 s，电源指示灯闪烁，飞行器进入对频状态。

(3) 对频状态确认。

当飞行器电源指示灯绿灯常亮，遥控器状态指示灯绿灯常亮时，表示飞行器与遥控器处于连接状态，对频操作完成。

2. 禅思 P1 相机调试

禅思 P1 相机是一款高性能、多用途航测负载，搭载 4500 万像素全画幅图像传感器，集成全局机械快门，可适配多款 DJI DL 镜头，以满足用户对不同镜头焦距的需求。它配备三轴云台，可安装至经纬 M300 RTK，支持 DJI Pilot 2 App，配合大疆智图软件，为用户提供了一体化、高精度、高效率的航测解决方案。禅思 P1 相机如图 2-4-3 所示。

图 2-4-3　禅思 P1 相机

1）云台相机安装

打开禅思 P1 相机的收纳箱，取出云台相机，取下接口保护盖，将云台相机上的白色标识与云台支架的红色标识对齐，向上轻推，逆时针旋转云台接口，使两个红色标识对齐以锁定云台。安装完成后，检查云台相机是否安装牢固。

2）云台相机激活

开启遥控器和飞行器电源，保持遥控器网络连接正常，打开 DJI Pilot 2 App。App 将自动弹出激活页面，授权使用相关激活信息，进入下一步，选择所属行业，确认激活账号。如需更换账号，单击账号右侧按钮，单击"登录"，单击"激活"按钮，即可激活相机。作业结束后，先关闭飞行器电源，再移除云台相机，按住飞行器的云台解锁按键，顺时针旋转接口，移除云台相机。

3）更换镜头

如需更换镜头，先用气吹和刷子清除镜头接口的灰尘，按住镜头解锁按键，将镜头逆时针旋转约 75°，到达限位后取下。安装镜头时，保持相机和镜头均为水平状态再进行安装，将镜头上的安装标记红点对准相机卡扣的安装标记，向右顺时针旋转，直至听到"咔"的一声到达限位。

4）注意事项

(1) 将禅思 P1 相机存放于常温、干燥通风处，避免环境湿度过大导致镜头起雾。若镜头起雾，通常情况下开机一段时间后水汽即可消散。推荐存储环境的相对湿度小于 40%，温度为 20℃ ±5℃。

(2) 勿将相机放在阳光直射、通风不良的地点，或暖气、加热器等热源附近。

(3) 勿频繁启动或关闭云台相机，关机后请间隔 30 s 以上时间再重启设备，否则会影响相机机芯寿命。

(4) 在受控实验室条件下，禅思 P1 负载可达到 IEC60529 标准下 IP4X 防护等级。防护等级非永久有效，可能会因长期使用导致磨损而下降。

(5) 确保云台接口及云台表面干燥无水，再对云台进行安装。

(6) 使用前，务必确认云台已稳固安装于飞行器上，SD 卡保护盖清洁无异物且已盖好。

(7) 打开 SD 卡保护盖前，需将机身表面擦拭干净。

(8) 使用时，禁止在拍照和录像过程中插拔 SD 卡。

(9) 勿用手直接接触或用硬物刮擦相机镜头的表面镀层，否则会导致相机成像模糊，影响图像质量。

(10) 清洁相机镜头时，务必使用柔软干燥的清洁布擦拭镜头表面，切勿使用碱性清洁剂进行清洁。

(11) 安装镜头时，切勿按压解锁按键。若非必要，请勿反复拆装镜头。

(12) 开机状态下，切勿热插拔镜头。

(13) 勿带电热插拔禅思 P1 负载。如果需要断电，请通过飞行器的电源按键关闭电源，切勿直接从飞行器上移开负载。

(14) 云台相机属于精密设备，周转运输过程中请放置在安全箱内，如图 2-4-4 所示。

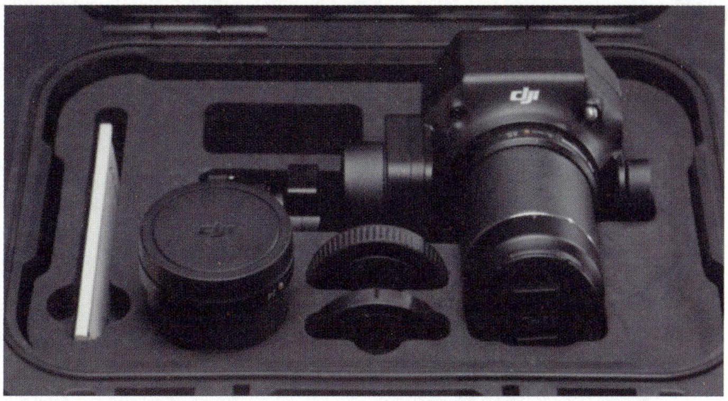

图 2-4-4　云台相机收纳

三、无人机倾斜摄影航线任务规划

无人机倾斜摄影航线的任务规划是一个综合性的过程，旨在确保飞行安全、提高拍摄效率，并获取高质量的倾斜摄影影像。这里主要介绍智能摆动拍摄的原理与操作、倾斜摄影任务航线规划两部分内容。

（实操）无人机
倾斜摄影航线
任务规划

1. 智能摆动拍摄

1) 智能摆动拍摄原理

智能摆动拍摄功能是在用户划定测区后将自动生成对应航区并规划相应航线。飞行过程中，通过控制负载进行多角度拍摄，仅需飞行一条航线即可采集 3D 重建所需的正射和倾斜照片，且在测区边缘只拍摄与重建相关的照片，从而精简拍照数量，大幅提升后处理效率。每个航区内不同航线段具有不同的摆动拍摄策略，不同航线段内摆动拍摄所有的照片都以用户所划定的测区为准。下面将深入探讨智能摆动拍摄在实际应用中的表现。

(1) 在智能摆动拍摄作业过程中，每个航线段根据所拍摄照片数量将自动调整飞行速度，照片数量越少，飞行速度越高，飞行器作业效率越高，如图 2-4-5 所示。

图 2-4-5　智能摆动拍摄时照片数量和飞行速度的关系

(2) 在智能摆动拍摄作业过程中，每个航线段均由一个拍摄序列构成，每张照片都有相应的拍摄方向，如图 2-4-6 所示。

图 2-4-6　智能摆动拍摄时照片的拍摄方向

（3）对于不同测区大小、飞行高度及负载朝向角度，航区可能呈现出不同的形态。对于同一测区大小，不同负载朝向角度或不同飞行高度下航区也可呈现出不同的航区形态，如图 2-4-7 所示。

负载（航测相机）朝向

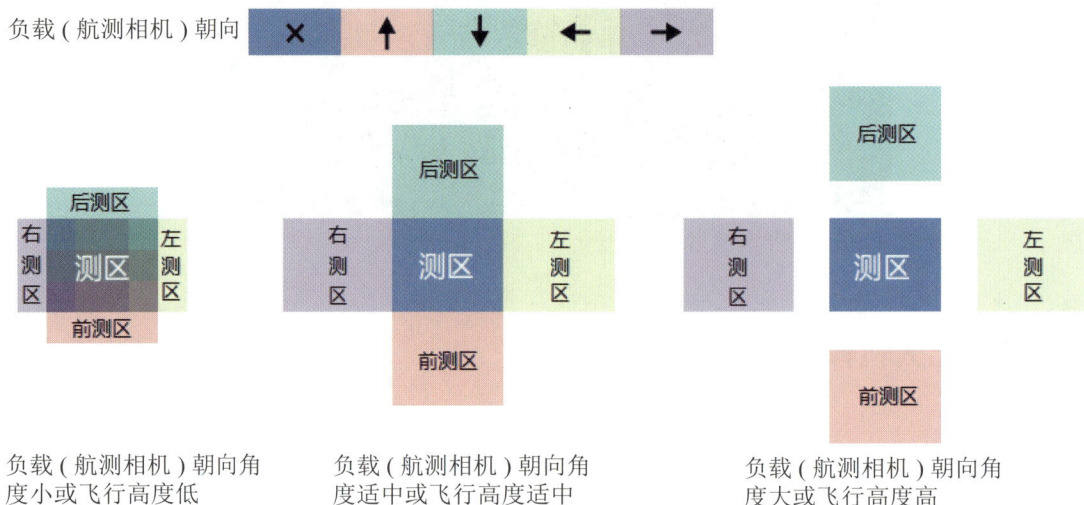

负载（航测相机）朝向角度小或飞行高度低　　负载（航测相机）朝向角度适中或飞行高度适中　　负载（航测相机）朝向角度大或飞行高度高

图 2-4-7　不同负载朝向角度或不同飞行高度下的航区形态

2）智能摆动拍摄操作

现以 DJI Pilot 2 为工具介绍智能摆动拍摄，具体操作步骤如下：

（1）进入 DJI Pilot 2，选择"航线"开始规划任务，可以通过 KML 文件和 App 规划来创建新的航线，以下着重说明 App 规划航线的使用。

（2）单击"创建航线"，选择"建图航拍"，点击需要进行测绘的区域生成测区，拖动测区边界点调整测区范围，设置任务名称，相机选择为当前使用的焦段，打开智能摆动拍摄功能。App 将根据设定的测区，规划一条摆动拍摄的航线，根据需要设置云台角度，云台将根据该角度朝 5 个方向转动。

（3）根据需要的 GSD 来设置相对高度，被摄面相对起飞点高度设置为 0 m。设置起飞速度，航线速度无须设置，飞行器将根据任务进度自动调整，完成动作设置为自动返航。

（4）单击"高级设置"，设置旁向与航向重叠率与主航线角度。负载设置中，畸变矫正保持关闭，对焦方式默认选择"首航点自动对焦"。如果作业地温差较大或地表纹理不清晰，不易对焦，请使用标定对焦值对焦。航线设置完成，保存当前参数。

（5）单击相机 FPV 界面，开始设置相机。相机设置中，相机模式为 M 挡，ISO 设置为 Auto，并根据需要设置快门与光圈。相机设置完成后，单击地图界面，准备执行任务。

注意：为减少运动模糊，快门速度应快于 1/500 s。

（6）在飞行准备界面，确认完成与失控动作、飞行器电量等项目是否正确，确认周围环境安全后，执行起飞。

注意：飞行过程中，云台将按照智能化轨迹进行多角度摆动拍摄。摆动拍摄过程中，拍照时禅思 P1 图传会临时卡顿，为正常现象，可以在飞行器 FPV、相机 FPV 与地图中切换，检测飞行器状态与任务进度。

2. 倾斜摄影任务航线规划

这里使用经纬 M300 RTK 搭载禅思 P1 云台相机进行倾斜摄影航线规划。

(1) 进入 DJI Pilot 2，选择"航线"开始规划任务，可以通过 KML 文件和 App 规划来创建新的航线。

(2) 单击"创建航线"，选择"倾斜摄影"，单击需要进行测绘的区域，设置任务名称，相机选择为"当前使用的焦段"，App 会自动生成测区与 5 条倾斜摄影航线。拖动测区边界点调整测区范围，根据需要的倾斜角度设置云台角度，高度记录方式选择"相对起飞点高度"，通过需要的 GSD 来设置相对高度。

注意：各镜头的 GSD 与拍摄距离 H 的关系为：24 mm 镜头时 $GSD = H/55$，35 mm 镜头时 $GSD = H/80$，50 mm 镜头时 $GSD = H/120$，GSD 单位为 cm/pixel，H 单位为 m。

(3) 将被摄面相对起飞点高度设置为 0 m，并设置起飞速度与航线速度。

(4) 设置完成动作为"自动返航"，单击"高级设置"，设置旁向与航向重叠率与主航线角度。负载设置中，畸变矫正保持关闭，对焦方式默认选择"首航点自动对焦"。设置完毕，单击"保存"。

(5) 单击相机 FPV 界面，开始设置相机。相机设置中，确保相机模式为 M 挡，ISO 为自动，EV 值 (曝光量) 为 0，并根据需要设置快门速度与光圈大小。

注意：为减少运动模糊，快门速度应快于 1/500 s。

(6) 单击地图界面，单击"调用"准备执行任务。在飞行准备界面，确认完成与失控动作、飞行器电量等项目是否正确，确认周围环境安全后，执行起飞。作业过程中，时刻关注 App 上的飞行器状态，注意作业安全。

四、无人机倾斜摄影数据采集与检查

无人机倾斜摄影数据采集与检查涉及飞行任务的执行、数据的导出以及后续的数据质量把控。通过精细化的数据采集和严格的检查流程，可以确保获取到高质量、准确的航测数据，为后续的应用和决策提供有力支撑。下面将详细介绍无人机倾斜摄影数据采集与检查的各个步骤。

（实操）无人机倾斜摄影数据采集与检查

1. 任务飞行

1) 遥控器准备

展开遥控器天线并调整天线位置；从遥控器背部摇杆收纳槽中取出摇杆并安装，可以根据需求安装外置 WB37 电池，以延长续航时间；安装 4G 网卡，以支持无线上网功能。

2) 飞行器准备

(1) 打开保护箱，将起落架安装至飞行器起落架基座安装口，滑动锁扣并顺时针转动

至锁紧位置。

(2) 将飞行器从保护箱中取出，展开机臂前，先移除桨托。将后机臂桨叶从桨托中取出，再将桨托从前机臂上卸下，然后移除另一侧桨托，最后展开机臂，将机臂转动到卡槽内，如图 2-4-8 所示。

图 2-4-8　飞行器安装

注意：取出飞行器前，请先安装好起落架。

(3) 滑动机臂锁扣并顺时针转动至锁紧位置，确保机臂安装牢固，展开桨叶。

(4) 将云台相机上的白点与云台支架上的红点对正进行云台相机安装，旋转云台相机快拆接口到锁定位置。

(5) 安装飞行器电池，再将电池锁扣旋转 90°，确保旋转至卡口位。

3) 飞行准备

将飞行器放置在水平地面上，面朝飞行器尾部进行操作。先短按再长按遥控器电源按键开启遥控器，运行 DJI Pilot 2 App。先短按再长按飞行器顶部的电源按键开启飞行器。

4) RTK 连接

在 DJI Pilot 2 App 上设置连接 D-RTK 2 移动站或网络 RTK，也可以使用自定义网络 RTK。在 App 联网情况下，输入网络 RTK 账号信息，单击"设置"等待定位、定向状态均为 Fix。当飞行器 RTK 的定向及定位状态均显示为 Fix 时，表示飞行器已获取并使用 RTK 数据。

5) 执行航线任务

打开提前规划好的任务航线并进行检查，检查完毕单击左侧 ▶ 按键开始执行航线任务。作业完成后，飞行器将根据规划设置，默认自动返航，可开始下一个任务。

注意：

(1) 在飞行作业中，将遥控器天线切面面向飞行器以获得最佳信号。

(2) 如果任务完成前出现电池电量不足，可手动结束任务。App 将自动记录断点，待更换电池后可继续执行。

6) 智能返航

长按遥控器的返航按键，飞行器将会执行智能返航功能，也可以通过摇杆手动控制进行下降。

7) 电池热替换

经纬 M300 RTK 支持电池热替换功能，在不关闭飞行器电源的状态下即可完成电池更换，从而提高作业效率。更换电池步骤为：首先解锁电池锁扣，取下一侧电池，更换备用电池，再更换另一侧电池，安装到位后锁紧电池锁扣，如图 2-4-9 所示。

注意：安装到位后保持至少 3 s，再更换另一侧电池。

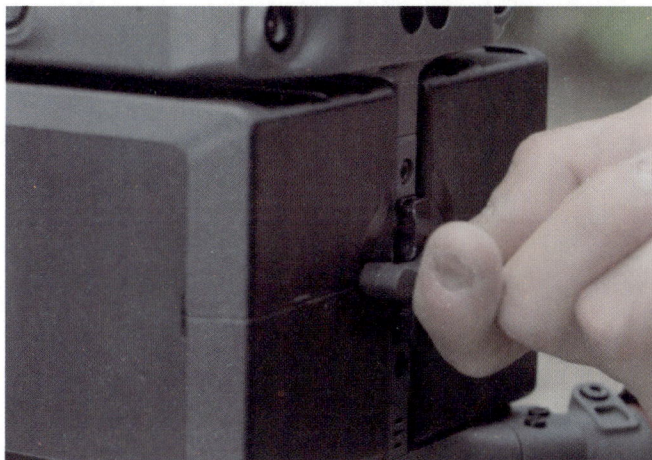

图 2-4-9　电池热替换

8) 关机装箱

(1) 先短按再长按飞行器顶部的电源按键关闭飞行器，将电池锁扣旋转 90°，取出飞行器电池。

(2) 按住云台相机解锁按键，旋转云台相机快拆接口到解锁位置，取下云台相机。

(3) 将机臂锁扣逆时针转动进行解锁，将锁扣从接口底端滑出，将后机臂转动折叠到位，将前机臂转动折叠到位，再折叠另一侧机臂。安装桨托，将后机臂桨叶插入桨托中，并将桨托固定在前机臂上，将前机臂桨叶插入桨托中，再安装另一侧桨托。最后将飞机倒置放入保护箱中，确保各个部件在卡槽内部。

(4) 将起落架锁扣逆时针转动进行解锁，并将锁扣从接口底端滑出，将起落架从飞行器起落架基座安装口中取出，放入保护箱内。

(5) 先短按再长按遥控器电源按键关闭遥控器，依顺序取出 4G 网卡，取下外置 WB37 电池，卸下摇杆并放回摇杆收纳槽中，折叠天线，将遥控器放入保护箱内，闭合并扣紧保护箱锁扣。

2. 数据导出

数据导出按以下步骤进行。

1) 任务航线导出

将执行倾斜影像拍摄的航线按任务架次或航摄区域进行分类导出，并对文件进行命名，存储到电脑或硬盘存储设备中。

2) 基站点坐标导出

将飞行作业基站点坐标按任务架次或航摄区域进行分类导出，并对文件夹进行命名，存储到电脑或硬盘存储设备中。

3) POS 数据导出

将飞控中记录的 POS 数据按任务架次或航摄区域进行分类导出，并对文件夹进行命名，存储到电脑或硬盘存储设备中。大疆航测设备照片信息中附含 POS 点信息，不需要单独导出。

4) 照片导出

执行完任务后，将航测相机中的照片按任务架次或航摄区域进行分类导出，并对文件夹进行命名，存储到电脑或硬盘存储设备中。

5) 云 PPK 数据解算

将解算并下载好的解算数据 (result.csv) 导出，并对文件夹进行命名，存储到电脑或硬盘存储设备中。

3. 数据检查与整理

数据检查主要检查航空摄影的飞行质量以及航拍影像质量。数据采集完成后要在第一时间完成数据检查，检查所拍摄的照片以及 POS 数据的质量，确定照片数量与 POS 个数一一对应，无漏片情况；重叠度、分辨率达到预设要求，完全覆盖测区范围，同一航线上两相邻像片高差应小于 30 m，航高最高处与最低处差值应小于 50 m，设计航高与实际飞行航高差值应保证小于 50 m；照片无跑焦、拉花现象，保证能清晰、真实地反映地表细节。对因云雾遮挡、阴影等导致质量不合格以及有影像漏洞的照片及时进行补摄，并对数据进行备份。

如果检查内容不满足内业规范和作业任务要求，则应根据实际情况重新拟定飞行计划，对局部区域补拍或重拍。

任务五　无人机激光点云数据采集

一、激光雷达概述

无人机激光雷达是一种较新的土地测量技术，利用高精度的激光扫描仪器、GPS 以及惯性导航系统 (Inertial Navigation System，INS)

（实操）无人机激光点云数据采集

进行组合实现精确的 3D 绘图。机载激光雷达，作为激光雷达与无人机相结合的一种应用系统，可以更加直接、有效地测量三维现实世界，且具有数据精确度高、层次细节丰富、全天候作业等优点。它通过获取高精度点云空间三维信息，可快速实现测绘、地质灾害识别、地质灾害面域形变监测作业。图 2-5-1 所示为经纬 M300 RTK 搭载禅思 L1 激光雷达相机。

图 2-5-1　经纬 M300 RTK 搭载禅思 L1 激光雷达相机

二、无人机激光点云应用

无人机激光点云可应用于水利行业、应急响应、道路测量和电力巡检等领域。

1. 水利行业

利用无人机激光扫描技术获得点云数据，可形成原始地面数据模型，再通过对原始数据模型进行相关处理，可实现对整个地区流域的汇水分析和降雨分析。

2. 应急响应

通过无人机激光雷达能够获得灾害现场数据，对地震、山体滑坡、火灾等灾害现场情况进行计算分析，可为解决应急突发事件提供决策依据。

3. 道路测量

无人机激光雷达可以提供高密度的激光点云，可以准确描绘公路及其周围环境的路面情况。使用拍摄的照片和 GPS 测量的像片控制点能够有效提高准确度，并解决由于树木等因素造成的 GPS 信号间隙问题。

4. 电力巡检

通过对线路铁塔、导地线、线路通道和周边环境的影像数据进行空间三维解算形成三维点云数据，能够更加直观地观察线路通道走廊内目标物的空间位置和轮廓，进而确定导地线与地面、建筑、植被等目标物之间的距离。在无人机激光点云模型中获取高精度的数据信息，结合影像文件可对其进行三维动态模拟和分析，实现对输电线路巡检范围的全覆盖，使巡检结果实现数字化、可追溯化和可分析化。

三、航线规划及飞行

以经纬 M300 RTK 搭载禅思 L1 激光雷达相机为设备，介绍无人机激光点云采集的步骤、航线规划和任务执行等内容。

1. 飞行前准备

(1) 首先，正确安装禅思 L1 至经纬 M300 RTK 的下视单云台上，然后开启遥控器与飞行器，完成飞行器与遥控器对频。

(2) 启动 DJI Pilot 2 App。当作业场景的网络信号或遥控器图传信号较差时，建议提前架设 D-RTK 2 移动站或使用第三方 RTK 基站，以保证数据后处理的精度。

(3) 在通用设置中，选择对应的 RTK 服务类型，确认 RTK 连接正常。

(4) 将飞行器停在地面预热至少 5 min，以确保负载上的高精度惯导模块处于稳定的工作温度。预热完成后，App 将提示"负载惯导预热已完成"。

(5) 选择 MF 手动对焦，根据现场光线条件，调整相机 ISO、Shutter(快门) 以及 EV 档位参数。

2. 航线规划和任务执行

(1) 打开 App 主页，选择"航线"，根据需求选择航线任务类型，在此选择"建图航拍"。

(2) 选择相机类型为"禅思 L1"并选择"雷达建模"选项。开启"惯导标定"选项，设置合适的飞行高度与飞行速度，建议飞行高度设置为 50 ～ 100 m，飞行速度建议设置为 5 ～ 10 m/s。无特殊情况下，其他参数可保持默认。

(3) 在高级设置选项中，调整激光旁向重叠率、主航线角度以及边距等参数。在负载设置选项中，根据任务需求选择合适的回波模式、采样频率以及扫描模式，并开启"真彩上色"选项。设置完参数后，保存任务。

(4) 单击左侧 ▶ 按键，设置"飞前检查"界面参数，设置完成后单击"下一步"进入建图航拍检查单设置界面。

(5) 在建图航拍检查单设置界面进行航线完成动作和航线失联行为设置，设置完成后单击"上传航线"，并开始执行任务。

3. 任务执行要点

(1) 执行建图航拍任务类型时，当飞行器飞到航线起始点以及航线结束点时会自动加减速一段距离，以校准激光雷达的惯性导航，提高模型精度。

(2) 执行其他任务类型时，飞行器飞到航线起始以及结束位置会分别执行八字标定飞行，以校准激光雷达的惯性导航，提高模型精度。需确保航线起始点以及航线结束点 30 m 范围内空旷以保证飞行安全。

(3) 任务执行过程中，激光雷达以及测绘相机会自动采集数据，并能够对点云成果进行实时预览。

(4) 飞行任务结束并安全降落后，关闭飞行器，取出禅思 L1 的 SD 卡，将 SD 卡插入电脑，检查新生成的文件数量、日期是否正确。

● 项目总结

本项目主要学习了无人机测绘数据采集的相关知识和操作技能。在学习过程中，要求掌握无人机航测任务规划的原则、无人机航测像片控制点的布设原则、无人机航测正射影像和倾斜摄影的采集原理等相关知识，并重点掌握无人机的航测任务规划、无人机的像片控制点布设与测量、无人机航测正射影像和倾斜摄影数据采集及数据检查等相关技能，且能够做到将所需知识和技能灵活运用于学习和实践中。

● 组织评价

1. 学生进行自我评价，并将结果填入表 2-1 中。

表 2-1　学生自评表

姓名		学号		班级		组别	
序号	评价项目	评 价 标 准				分值	得分
1	获取信息	掌握工作项目相关知识				20	
2	自主学习	学生自主学习能力				20	
3	学习态度	态度端正，认真严谨、积极主动				20	
4	学习质量	能按照工作方案操作，按计划完成工作项目				20	
5	协调能力	与小组成员、同学之间能合作交流，协调工作				20	
合　计						100	
总结与反思							
（如：学习过程中遇到什么问题，如何解决的／解决不了的原因，心得体会）							

2. 学生以小组为单位，对学习过程与结果进行互评，并将互评结果填入表 2-2 中。

表 2-2　学生互评表

姓名		学号			班级				组别		
评价项目	分值	等　级				评价对象（组别）						
						1	2	3	4	5	6	7	8
团队合作	25	优	良	中	差								
		25	20	18	10								
组织有序	25	优	良	中	差								
		25	20	18	10								
学习质量	25	优	良	中	差								
		25	20	18	10								
学习效率	25	优	良	中	差								
		25	20	18	10								
合计	100	各组得分											

3. 教师对学生工作过程与工作结果进行评价，并将评价结果填入表 2-3 中。

表 2-3　老师对学生评价表

评价项目	评价内容	评价标准	评价方式	
			自我评价	教师评价
职业素养（10分）	责任意识（3分）	1. 不遵守纪律，扣 1 分； 2. 没有完成工作项目，扣 1 分； 3. 严重影响工作纪律，扣 1 分		
	学习态度主动（3分）	1. 缺勤达本次项目总学时的 10%，扣 0.5 分； 2. 缺勤达本次项目总学时的 20%，扣 1 分； 3. 缺勤达本次项目总学时的 30%，扣 1.5 分		
	合作（4分）	不与小组内同学进行沟通，扣 4 分		
专业能力（90分）	知识能力（30分）	1. 无人机航测任务规划 ◆ 掌握无人机航测任务规划的原则、知识要点，得 2 分； ◆ 了解无人机航测任务规划软件的功能特点，得 2 分； ◆ 掌握无人机仿地飞行的优势，得 2 分 2. 无人机航测像片控制点 ◆ 了解无人机像片控制点的作用，得 2 分； ◆ 掌握无人机像片控制点的布设原则，得 2 分； ◆ 了解像片控制点的布设要求，得 2 分 3. 无人机航测正射影像 ◆ 掌握无人机航测正射影像的采集原理，得 3 分； ◆ 掌握常见的无人机航测正射影像的原始数据类型，得 3 分		

续表

评价项目	评价内容	评价标准	评价方式	
			自我评价	教师评价
专业能力（90分）	知识能力（30分）	4. 无人机航测倾斜摄影 ◆ 了解倾斜摄影的特点和应用，得 3 分； ◆ 掌握倾斜摄影数据采集的相关原理，得 3 分； ◆ 掌握智能摆动拍摄的相关原理，得 3 分 5. 无人机激光点云数据采集 ◆ 了解无人机激光点云的相关行业应用，得 3 分		
	实践能力（60分）	1. 无人机航测任务规划 ◆ 能够采用 UAV GCS 地面站软件进行垂直起降固定翼无人机任务规划，得 3 分； ◆ 能够采用 DJI Pilot 2 App 软件进行多旋翼无人机航测任务规划，得 5 分； ◆ 能够进行无人机仿地飞行的设置，得 2 分 2. 无人机航测像片控制点 ◆ 能够正确进行像控点选点与线路规划，得 5 分； ◆ 能够根据不同的地形环境合理地进行像控点布设，得 5 分； ◆ 能够使用 RTK 网络差分方式进行像控点数据采集，得 5 分 3. 无人机航测正射影像 ◆ 能够进行 DJI Mavic 3 行业系列无人机飞行平台航测正射数据采集任务的系统调试，得 5 分； ◆ 能够使用 DJI Pilot 2 App 进行无人机航测正射航线任务规划，得 5 分； ◆ 能够使用 DJI Mavic 3 行业系列无人机进行无人机航测正射数据采集并对采集数据进行检查，得 5 分 4. 无人机航测倾斜摄影 ◆ 能够进行经纬 M300 RTK 无人机飞行平台调试和禅思 P1 相机调试，得 5 分； ◆ 能够使用经纬 M300 RTK 搭载禅思 P1 云台相机进行倾斜摄影航线规划，得 5 分； ◆ 能够使用经纬 M300 RTK 搭载禅思 P1 云台相机进行倾斜摄影数据采集，得 5 分 5. 无人机激光点云数据采集 ◆ 能够按照规范使用设备进行无人机激光点云航线规划和数据采集，得 5 分		
总分 100 分	自我评价总分		评价总分	
学生姓名			综合评价等级	
指导教师			日期	

实训报告

学生填写项目实训报告，并将详细实训过程填入表 2-4 中。

表 2-4　实训过程记录表

专　业		班　级	
姓　名		学　号	
课程名称		项目名称	
实训目标	知识目标： 1. 掌握无人机航测任务规划的原则； 2. 了解无人机航测任务规划软件的功能特点； 3. 掌握无人机航测像片控制点的作用和布设原则； 4. 掌握无人机航测正射影像和倾斜摄影的采集原理； 5. 了解无人机激光点云相关行业应用 能力目标： 1. 能够按照无人机航线规划要点和要求完成无人机的航测任务规划； 2. 能够按照流程完成无人机的像片控制点布设与测量； 3. 能够规范使用常见的任务设备进行无人机航测正射影像数据采集； 4. 能够规范使用常见的任务设备进行无人机航测倾斜摄影数据采集； 5. 能够正确进行无人机航测正射数据和倾斜摄影数据的检查； 6. 能够按照规范使用设备进行无人机激光点云航线规划和数据采集 思政目标： 通过学习，正确地认识中国无人机企业的发展和行业的核心竞争力，培养学生民族自豪感和自尊心，激发学生的创新精神		
实训环境及设备	1. 无人机实训室和室外实训飞行场地； 2. 常见测绘仪器、大疆经纬 M300 RTK、大疆禅思 P1、DJI Mavic 3E、手持 RTK 等设备硬件； 3. 大疆智图无人机测绘内业数据处理软件		
实训过程记录			

项目三　无人机航测数据生产

项目要点

知 识 要 点

1. 了解常用航测数据处理软件的特点及其功能；
2. 掌握无人机正射影像数据处理的相关处理流程；
3. 掌握数字高程模型生产的相关要点；
4. 掌握无人机倾斜摄影数据处理的处理流程；
5. 了解无人机激光点云数据处理的相关技术流程。

技 能 要 点

1. 能够基于 Pix4D mapper 进行无人机正射影像数据处理；
2. 能够使用 Photoshop 软件进行数字正射影像图处理；
3. 能够使用大疆智图进行倾斜影像数据处理；
4. 能够基于正射影像与 DSM 进行数字线划图生产；
5. 能够基于三维模型进行数字线划图生产；
6. 能够使用大疆智图进行激光雷达点云处理；
7. 能够正确进行无人机航测正射和倾斜影像数据处理成果核验。

思政要点

无人机航测数据生产过程中往往需要团队成员之间的紧密合作和有效沟通。在团队中，我们要学会倾听他人的意见，尊重每个人的想法，同时也勇于表达自己的观点和见解。通过团队协作去深刻体会沟通的重要性，学会如何更好地与他人协作，共同完成任务。在项目实施中我们要增强自身的沟通意识和人际交往能力，深刻体会集体荣誉感的重要性，为团队的荣誉和利益贡献自己的力量。

○ **教学实施**

随着测绘和计算机技术的结合与发展，地图不再局限于传统的模式。现代数字地图主要由 DOM 数字正射影像图、DEM 数字高程模型、DSM 数字表面模型、DRG 数字栅格地图、DLG 数字线划地图、4D 复合模式地图、三维模型和点云模型组成。

关于数字线划图、数字正射影像图、数字表面模型、三维模型和激光点云数据生产的具体内容将在本章进行详细介绍。数字高程模型生产的理论内容将在本章任务二无人机正射影像数据处理进行详细介绍，具体生产步骤可以将生成的数字表面模型以及数字正射影像图导入 ArcGis 或 ArcMap 软件中实现数据转换，在本章将不再进行详细介绍。关于数字栅格地图生产，可以使用数字线划地图导入 AutoCAD 中实现转换，在本章同样不做讲解。

任务一　航测数据处理软件

在前面的章节已经对航测数据处理软件有了基础的学习，下面将以 Pix4Dmapper、ContextCapture、清华山维 EPS 和大疆智图这四款软件为例，对航测数据处理软件进行详细介绍。

Pix4Dmapper

一、Pix4Dmapper

1. 软件简介

Pix4Dmapper 是一款专业化、简单化、精度高的数据处理软件。该款软件操作简单，不需具备大量的专业知识就可进行操作。它可通过自动空中三角测量计算原始影像的外方位元素。其采用 PIX4UAV 技术和区域网平差技术，进行自动校准影像，自动生成精度报告，报告中提供了详细的、定量化的自动空三、区域网平差和地面控制点的精度。通过分析精度报告可以快速和正确地评估处理过程与结果的质量，并且可根据影像的 GPS 位置信息和数据基础进行影像数据处理，不需要人为干预即可自动处理无人机数据。该软件为原生 64 位软件，能大大提高处理的速度，自动生成正射影像并自动镶嵌及匀色，将所有数据拼接为一个大影像。影像成果可用 GlobalMapper 软件、GIS 软件、EPS 软件等进行显示。Pix4Dmapper 软件特有的数据处理模型，可以同时处理多达上万张影像。多个不同的相机拍摄的影像可以在同一个工程中进行处理。其特有的影像快速拼接技术，在应急项目中被广泛应用，是当今正射影像快速制作的主流软件。Pix4Dmapper 软件界面如图 3-1-1 所示。

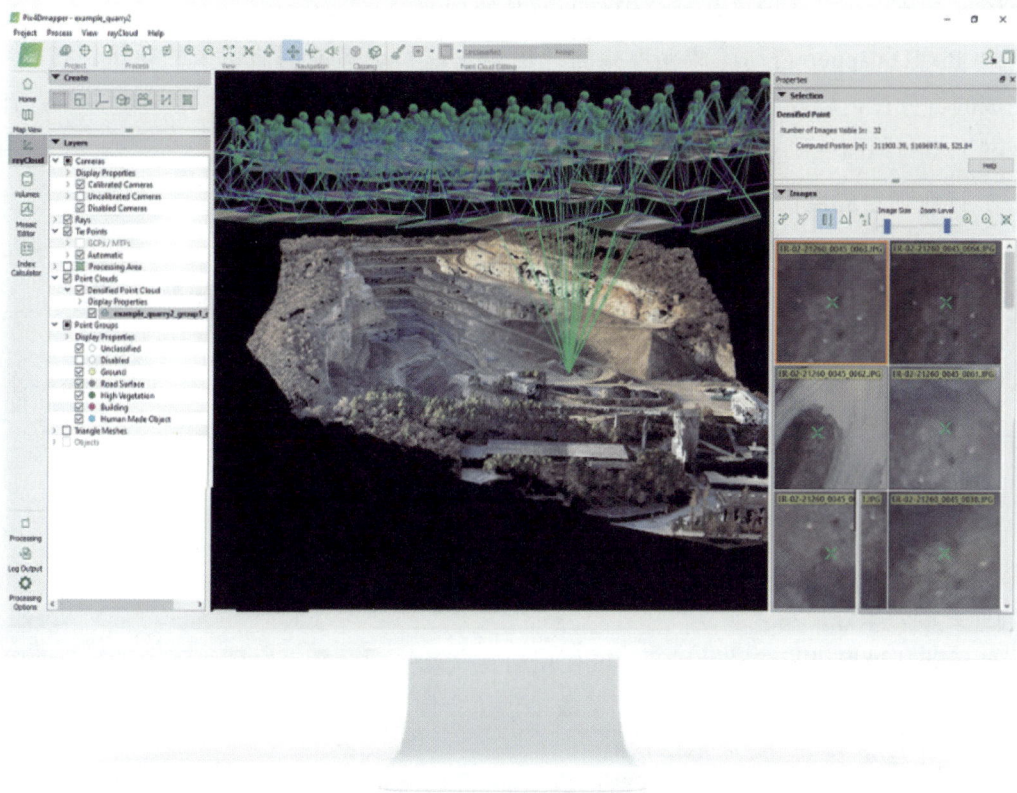

图 3-1-1　PixDmapper 软件界面

2. 软件特点

Pix4Dmapper 软件具有以下特点：

(1) 摄影数据处理专业化、自动化，精度高，操作简单。

(2) 自动从影像 Exif(Exchangeable Image File，可交换图像文件格式) 中上读取相机的型号、焦距、像主点等基本参数，自动空间三维计算原始影像的外方位元素，并自动校准影像。

(3) 只需要影像中点的 GPS 位置信息，即可全自动一键操作，不需要人为交互处理无人机的摄影数据。

(4) 可使用任意相机采集 RGB、热成像以及多光谱影像。也可使用无人机搭配免费的 Pix4Dcapture App 实现自动飞行和影像数据传输。

(5) 使用机器学习的分类算法来区分物体，自动进行点云分类。

(6) 以其独特的模型，可同时处理上万张影像数据，以及多种不同相机拍摄的影像、云数据等，能将多个数据源合并成一个工程进行处理。

(7) 使用可调整的基准面，在三维环境中轻松测量面积、距离、体积和高程，提取高程剖面数据并执行虚拟检查。

(8) Pix4Dmapper 把原始航空影像变为用户所需的 DOM、DSM 和三维模型数据，成果可输出多种格式，适用于各种应用行业及其软件。

(9) Pix4Dmapper 自动生成精度报告，可以快速和正确地评估结果的质量。它显示处理完成的百分比，以及正射镶嵌和 DEM 的预览结果，提供了详细的、定量化的自动空三、区域网平差和地面控制点的精度。

3. 行业项目应用优势

Pix4Dmapper 凭借其独特的性能与特点，为行业提供了全新的解决方案，极大地提升了工作效率和质量。下面介绍 Pix4Dmapper 在行业项目应用中的四大优势。

1) 测绘级精度

多种工具赋能行业应用，获得亚厘米级测绘精度。平面精度为 1 ～ 2 倍地面分辨率，高程精度为 1 ～ 3 倍地面分辨率。

2) 完全掌控项目

Pix4Dmapper 可将图像转换为数字空间模型，再使用桌面端或云端摄影测量平台无缝处理项目。

3) 灵活的工作流程

使用默认模板进行自动化处理，或使用自定义选项对数据、项目和质量进行全面管控。评估并提高项目质量，质量报告提供了成果预览、校准详情以及更多质量指标。

4) 协作与分享

简化项目沟通和团队合作。使用标准文件格式，与团队、客户和供应商进行安全、有选择的数据分析成果共享。

二、ContextCapture

Context Capture

1. 软件简介

ContextCapture 是 Bentley 公司在 Smart3DCapture 软件基础上升级得到的一款三维实景建模软件。其集先进的数字影像处理、计算机虚拟现实和几何图形算法于一体，是当今世界主流的一款自动高清的三维建模系统。它采用了世界上最先进的数字图像处理技术和计算机视觉图形算法，通过简单的连续影像就能生成细节丰富的三维景观模型。ContextCapture 软件支持现有的多种倾斜航摄系统 (SWDC-5、RDC30、TOPDC-5 等)，还能输出点云数据和各种格式的模型成果，从而方便在其他三维地理信息平台上加载模型，有利于对三维模型进行分析和编辑。ContextCapture 软件在数据兼容性、计算性能、人机交互和硬件配置兼容性等方面代表了目前世界上相关技术领域的最高水平。ContextCapture 软件界面如图 3-1-2 所示。

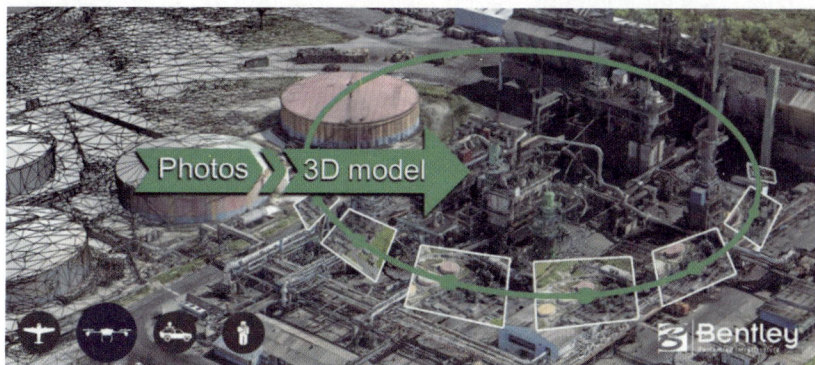

图 3-1-2　ContextCapture 软件界面

2. 软件输入数据源

以下仪器可作为 ContextCapture 的输入数据源：

- 智能手机；
- 激光扫描仪；
- 数码相机；
- 专业机载测量型单 / 多镜头航摄仪。

3. 软件功能

下面具体介绍该软件的功能。

1) 创建高清的动画、视频和漫游场景

通过任何大小的快照，生成高分辨率的平剖图和透视图。使用输出标尺、刻度和定位来设置图像大小和刻度，以便能够准确重复利用。利用直观逼真的漫游场景和对象动画系统，可轻松快速地生成电影。使用高度逼真的影像支持，精确的制图和工程设计，可将绝大多数格式的影像和投影进行组合。

2) 生成和处理大型可缩放地形模型

ContextCapture 可以从多种来源中生成非常庞大的可缩放地形模型，包括点云、断裂线、光栅数字高程模型和现有三角形化不规则网络。通过与原始数据源同步，缩放地形模型即可实时更新。其价值在于，拥有所有数据的全局、最新和综合表示，并可将各种显示模式用于执行分析，以及生成动画和可视化效果。

3) 生成二维和三维 GIS 模型

借助 ContextCapture，可以生成各种 GIS(Geo-Information System，地理信息系统) 格式的精确地理参考三维模型，包括真实正射影像和新的 Cesium 3D Tiles，并将瓦片范围和空三成果导出为 KML 和 XML 文件。ContextCapture 提供的坐标系数据库接口可确保与 GIS 解决方案的数据互用性，可以从 4000 多个空间参考系统中进行选择，也可添加用户自定义坐标系。同时，ContextCapture 会根据输入照片的分辨率和空间分布情况，自动调整模型的分辨率和精度。

4) 生成三维 CAD 模型

ContextCapture 能基于 CAD 格式、三维通用格式、DSM 和密集三维点云生成三维模型，并确保模型在建模环境中是可访问的。此外，还可以生成由数十亿个三角面片组成的多分辨率格网模型。通过将数据附加到网格的特定部分，然后提供基于相关联的数据搜索和可视化网格区域的能力，来丰富现实网格与地理空间信息的附加数据。

5) 集成地理参考数据

ContextCapture 为包括 GPS 标记和控制点在内的多种类型的定位数据提供本地支持，以生成精确的地理参照模型。它还可以通过定位、旋转导入、完整块导入等方式来导入其他定位数据，能够精确测量坐标、距离、面积和体积。

6) 测量和分析模型数据

通过在三维视图界面内直接精确地测量距离、体积和表面积，节省获取准确答案所需的时间。

7) 点云数据处理

ContextCapture 可以对点云进行增强、分割、分类，并与工程模型相结合。然后，利用 ContextCapture 的高级三维建模、横截面切割、断裂线和地形提取功能，快速高效地对竣工条件进行建模并支持设计流程。因此，ContextCapture 可以更好地评估点云并生成更精确的工程模型，并且可以生成用于展示的动画和渲染。

8) 自动空中三角测量和三维重建

ContextCapture 通过自动识别每张相片的相对位置和方向，就可以添加控制点和编辑连接点来对空中三角测量结果进行微调，充分校准所有图像，以最大限度提升几何和地理空间精度。优化的三维重建算法可生成精准的三维模型以及每个格网面片的影像纹理，可确保各三维格网模型顶点放置在最佳位置，以更少的瑕疵表现重现更精细的细节和更锐利的边缘，大幅提高几何精度。

9) 发布和查看支持 Web 的模型

借助 ContextCapture，用户可生成任意大小的针对网络发布进行了优化的实景模型，并可在浏览器中查看。可以与任何利益相关方随时共享三维模型，并以可视化方式展示。

4. 项目应用优势

ContextCapture 在项目应用过程中的优势如下：

1) 项目整体周期中的优势

- 更好地理解设计内容；
- 动态可视化；
- 提高交流效率；
- 为整个项目周期节省了大量时间。

2) 项目设计阶段的优势

- 更好地理解现有场地状况；
- 补充 / 替代传统测量；
- 对场地使用权以及碰撞检测等进行风险管理；
- 通过快速简单的草图设计帮助决策。

3) 项目施工阶段的优势

- 让所有客户对施工现场有一个全局并且精确的认知；
- 让项目经理能够去监控并评估施工进程，并通过与设计模型的比对来掌握施工质量；
- 满足经常性的挖方填方计算；
- 提高安全性；
- 降低巡检和竣工验收的成本。

三、清华山维 EPS

清华山维 EPS

1. 软件简介

EPS 三维测图系统，是北京清华山维科技基于自主版权的 EPS 地理信息工作站研发的多源多模式一体化采编系统。系统提供基于正射影像、实景三维模型、点云等数据的二/三维一体化高效采编工具，支持大数据浏览以及采编库一体化的三维测图，直接对接基础地形测绘、自然资源调查、不动产测量等专业应用。EPS 三维测图 V6.0 是对原产品的优化升级，系统增加了远程网络数据调用与管理、多源数据多模式多视角协同作业、实时生成切片正射影像、多点拟合求交、自动生成 DSM、自动生成白模、自动提取模型纹理、房屋快速修正、点云自动识别与矢量提取、全景影像与点云叠加的分屏联动、"倾斜 + 点云"联合测图、"多级切片正射影像 + 倾斜"整边拟合测图、支持符合 CityGML 标准的 Lod1 与 Lod2 数据采集等新功能。此版本从采编手段、多源数据融合、AI 识别、成果数据扩展等多方面全面升级，提高了测图精度与作业效率，提升了用户体验。清华山维 EPS 软件界面如图 3-1-3 所示。

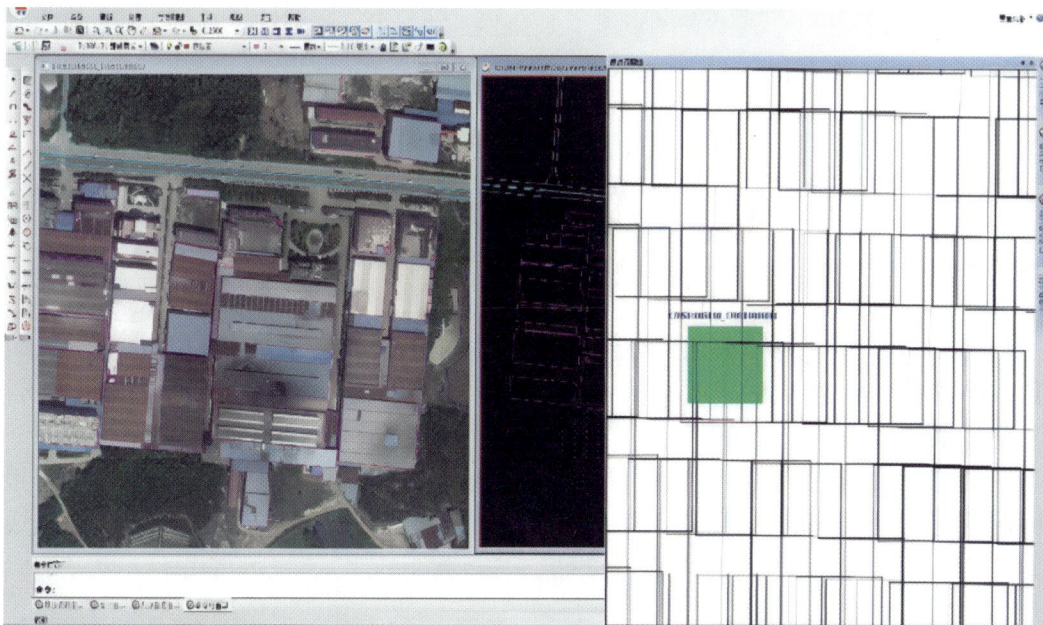

图 3-1-3　清华山维 EPS 软件界面

2. 软件特点

EPS 三维测图系统的特点如下：

(1) 基于 EPS 地理信息工作站，具有强大的二/三维一体化采编入库功能；

(2) 自主开发点云三维引擎，GPU 硬件加速，能实现高密度海量点云快速渲染；

(3) 点云单点精准快速捕捉，自动排除穿透干扰；

(4) 多种点云着色方式，分类识别准确、高效；

(5) 任意切片灵活组合，去除无效模型与点云数据的影响；

(6) 远程网络数据调度作业，无须进行数据拷贝；

(7) 多源数据多窗口、多视角、多模式协同采集，精准测图；

(8) 多源数据支持，包括立体航片、遥感影像、正射影像、垂直模型、倾斜模型、倾斜影像原片、全景影像、点云等数据；

(9) 无损转换 shp、dwg、mdb、CityGML 等多种数据格式；

(10) 数据成果与不动产、多测合一等多种业务对接，灵活应用。

3. 软件功能

EPS 三维测图系统有以下功能：

1) 倾斜模型同步生成正射影像

EPS 倾斜摄影三维测图支持三维实景模型同步生成正射影像，在没有 DOM 数据的情况下也能够实现正射影像与模型同步，并且正射影像缩放范围可调控，同时保证分辨率不失真。

2) 二维映射多级切片采集建筑物

在三维实景模型上添加多个不同高程的水平切片，并将模型轮廓映射到二维视图窗口进行测图，不仅满足建筑物不同楼层不同轮廓的矢量采集，更是提高了建筑物的采集精度。

3) 五点房采集

五点房工具只需采集房屋墙面 5 个点便可轻松将矩形房屋绘制出来，同时还可直接去除房檐。

4) 多点拟合求交采集

在墙面上采集多个点来进行房屋边线拟合，采集方式升级，操作简单明了，矢量数据成果更加准确高效。

5) 房屋三维修正

系统从二维平台的房檐改正升级到三维房屋修正，不仅能直接在模型上进行房檐改正，还支持对房屋主体形状的修正，并且改正部分可根据不同编码需求生成新面，所见即所得。

6) Lod2 模型与纹理配置

Lod2 较 Lod1 模型细节内容更加丰富，包含建筑物屋顶等细节的增加。EPS 倾斜摄影三维测图支持包含 Lod1 与 Lod2 模型的采集以及建筑纹理提取和配置，提高了数据成果的丰富度。

7) 等高线与高程点

自动提取高程点与生成等高线。在有植被覆盖的区域，根据调整倾斜模型上生成的三角网与地形表面的贴合程度来修改错误高程点，使提取出来的高程点更加吻合地形的变化，从而得到精确的等高线。

四、大疆智图

大疆智图

1. 软件简介

大疆智图 (DJI Terra) 是深圳市大疆创新科技有限公司自主研发的一款以二维正射影像与三维模型重建为主，同时提供二维多光谱重建、激光雷达点云处理、精细化巡检等功能的 PC 应用程序，如图 3-1-4 所示。

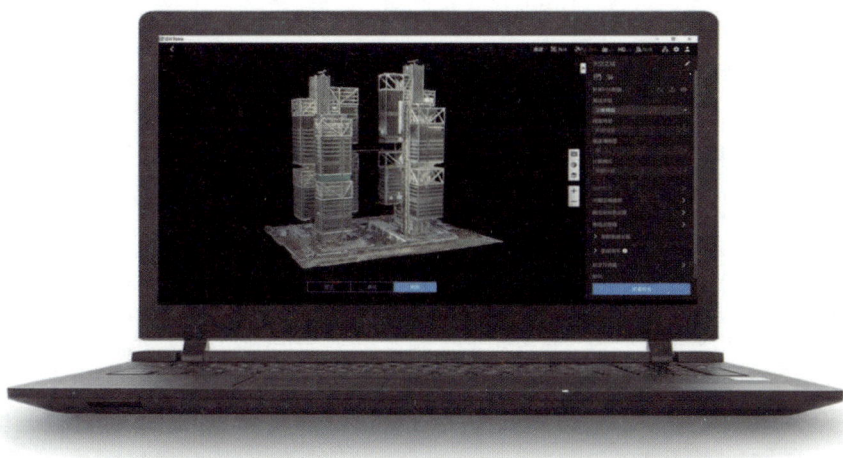

图 3-1-4　大疆智图软件界面示意图

大疆智图一站式的解决方案帮助行业用户全面提升内外业效率，被广泛应用于地形测绘、工程测量与维护、地质灾害调查、消防救援、抢险救灾、国土调查、城市规划、文物保护、农业植保等领域。传统的测绘方式设备昂贵、流程复杂、智能应用少。大疆智图从地理位置信息数据获取、处理、应用等各个环节着手，协助客户通过无人机更便捷地采集有价值信息，并对信息进行数据化存档，让使用者轻松定制全方位解决方案，提高精细化程度，加快业务交付。DJI 大疆行业应用帮助企业使用无人机技术革新工作方式，推动测绘行业向低成本、高质量、智能化和大众化的方向发展。未来，越来越多的行业将受益于大疆智图带来的简单高效的航测服务。

2. 软件优势

大疆智图有以下优势：

1) 处理效率高

单机重建处理速度是其他主流软件的 3 ~ 5 倍，集群重建更可成倍提升处理效率。

2) 重建效果好

模型效果好，针对贴近摄影采集的数据，可还原细小结构。重建精度高，免像控精度可达厘米级。

3）处理规模大

主机 64GB 内存，单机重建可处理 2.5 万张影像，集群重建可处理 40 万张影像。

4）支持集群重建

二、三维重建均支持将局域网内所有 PC 组网并行集群处理，成倍提升重建效率。

5）易用性高

操作简单，无须设置复杂参数，上手门槛低。

3. 软件功能

大疆智图的功能如下：

1）多种航线规划满足不同作业场景

不同应用场景对航线规划有不同的需求，大疆智图基于用户实际需求，提供多种任务规划模式。

(1) 航点飞行。在地图上设定一系列航点即可自动生成航线，支持为每个航点单独设置丰富的航点动作，同时可调整航点的飞行高度、飞行速度、飞行航向、云台俯仰角度等参数。对于精细化飞行任务，还可在已建好的二维正射影像或三维模型上进行航点规划，规划效果更直观。

(2) 建图航拍。选定目标区域可自动生成航线。大疆智图提供地图打点、KML 文件导入、飞行器打点等 3 种方式添加边界点，在无网络情况下也可正常作业。规划过程中，界面会显示预计飞行时间、预计拍照数及面积等重要信息。

(3) 倾斜摄影。选定目标区域可自动规划出 5 组航线：1 组正射航线和 4 组不同朝向的倾斜航线。全面的视角能帮助构建更高精度的实景三维模型，同时支持设置倾斜云台角度等参数，以满足不同的场景需求。

2）快速重建现场，一手掌控信息

大疆智图凭借先进的图像处理技术生成高精度二维正射影像与三维模型，用户能对已有资产、目标对象及环境了如指掌。

3）实时建图

基于同步定位、地图构建和影像正射纠正算法，在飞行过程中实时生成二维正射影像，实现一边飞一边出图。在作业现场就能及时发现问题，灵活获取更具针对性的应对措施。

4）后导入建图

二维重建：根据农田、城市等不同场景分别优化算法，全面升级的真正射影像技术能有效避免图像扭曲变形，准确细致地呈现目标对象和测区。

三维重建：导入不同角度拍摄的影像，自动生成高精度的实景三维模型。重建速度快、占用内存小，适用于大规模数据的三维重建。

5）数据分析为决策提供有效支持

为提高作业效率，加快分析进度，大疆智图提供数据分析支持功能。

6）二维与三维测量

在已建模型上，可轻松测量出目标对象的点坐标、线距离、面积、体积等多种关键数据，为进一步分析决策提供数据支撑。

7) 模型标注

在测量结束后，对测量结果进行管理，如命名测量对象、标注尺寸、导出结果等，让数据存储更加合理；项目优化与报告更加直观高效。

8) 交互式模型与图像查看功能

在模型上任意点击，可快速展示此处的所有拍照点及图像。模型与图像间的快速切换便于随时查看现场情况，对具体细节进行核查。

9) 支持多种行业场景，全面提升效率

大疆智图无缝对接 Mavic 3 行业系列和经纬 M300RTK 无人机，从航测的数据获取、处理、应用等各个环节着手，帮助用户轻松定制全方位解决方案，提高精细化程度，加快业务交付，实现了"数据获取—数据处理—数据应用—任务执行"一体化的航测作业方式，让用户快速进入信息化智能航测时代，尽享经济与高效。

任务二 无人机正射影像数据处理

无人机航测正射影像数据处理流程

一、无人机航测正射影像数据处理流程

无人机航测正射影像数据处理流程可分为原始数据准备、数据预处理、空中三角测量与连接点提取、生成正射影像和 DEM 生成等部分，如图 3-2-1 所示。

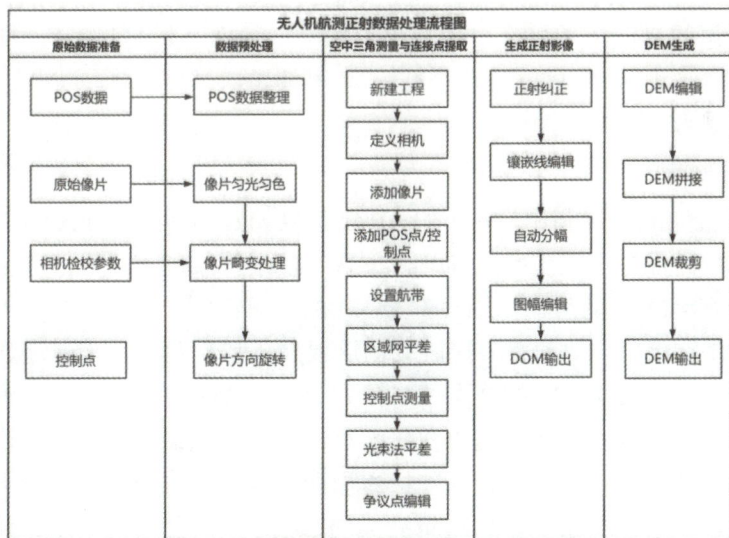

图 3-2-1 无人机航测正射影像数据处理流程

1. 原始数据准备

原始数据主要包括原始像片、POS 数据、相机检校参数、控制点数据。

2. 数据预处理

数据预处理是指对像片进行匀光匀色、畸变改正和旋转处理，以及对文件格式进行整理。

1) POS 数据整理

无人机导出的原始 POS 数据里面详细记录了每一张像片曝光点的序号、像片名称、时间、经纬度、高度、俯仰角、横滚角、横向偏角等信息。航测数据处理时，需要重点检查 POS 点数量、像片名称、x、y、z、俯仰角、横滚角、横向偏角等信息。

2) 像片匀光匀色

像片匀光匀色是指在不影响成果质量和后续处理的前提下，对阴天有雾等原因引起的影像质量较差的数字像片，可适度增强处理、匀光匀色等。

3) 像片畸变处理

目前，无人机航空摄影拍摄时，由于受光学镜头制作、加工和装配的影响，必然存在畸变差，这将导致航摄像片像点坐标位移和变形。航摄后一般需要对所拍照片进行畸变差处理。

4) 像片方向旋转

所有无人机航测像片应保持与相机参数的一致性，不做旋转指北处理，通过标明飞行方向、起止像片编号的航线示意图，以及航摄相机在无人机上安装方向示意图，建立对应关系。

3. 空中三角测量与连接点提取

在处理软件中进行工程创建，依次进行定义相机、添加像片、导入 POS 数据 / 控制点和设置航带，在此基础上进行连接点自动提取和区域网平差，并对像控点和检查点进行量测，最后进行光束法区域网整体平差和争议点编辑，完成空中三角测量。另外，虽然连接点的提取是在软件中自动完成的，但是由于在航摄过程中可能会出现影像质量不理想、影像重叠度小和航偏角过大等情况，自动转点结束后，需人工检查自动生成的连接点质量，并进行编辑，如人工手动选点、转刺加密点、量测加密点坐标。连接点精度越高，空三加密成果精度也会越高。

4. 生成正射影像

空中三角测量完成后，利用软件（如 ArcGIS、Erdas Imagine、Pix4D 等）中的自动镶嵌功能，将纠正后的像片根据重叠度和几何位置智能地拼接起来，形成覆盖整个测区的初始数字正射影像 (DOM)。随后，仔细检查 DOM 的几何精度、色彩一致性、拼接处是否平滑等，确保 DOM 质量，手动调整拼接区域的镶嵌线，特别是在地形复杂、植被茂密或建筑物密集的区域，以优化 DOM 的视觉效果，并去除 DOM 中的噪声点、云雾遮挡等，提高 DOM 的清晰度。之后，根据预设的图幅大小或特定的要求将 DOM 自动分割成多个图幅，并对每个图幅进行进一步的编辑，包括添加图幅号、比例尺、指北针、图例等地图要素，以及必要的注记说明。最后，将编辑完成的 DOM 以适当格式导出，并编写质量报告进行存档。

5. DEM 生成

在完成 DOM 制作后，可以在 ArcGis 或 ArcMap 软件中进一步实现数据转换生成 DEM（数字高程模型）。接着，对生成的 DEM 进行必要的编辑，如去除异常值、平滑表面等，并根据实际需求进行拼接与裁剪处理，以形成完整且符合要求的 DEM 数据集。高精度的 DEM 数据在绘制等高线、构建立体地形模型、计算坡度坡向等方面具有广泛应用，同时也可为地形分析、水文模拟、环境监测、城市规划等多个领域提供重要的数据支持。

二、基于 Pix4Dmapper 进行数据处理

本任务将 DJI Mavic 3E 无人机采集的素材成果在 Pix4Dmapper 中进行正射影像数据的生产。Pix4Dmapper 的二维模型重建流程为检查数据内容→新建项目→导入数据→空三并刺像控点→成果生产→成果输出。

基于 PIX4D 进行
数据处理 _ 实操

1. 检查数据内容

(1) 确认正射影像数据的完整性，鼠标右键单击"素材"打开影像属性数据，鼠标左键单击"详细信息"查看数据内容是否正确，主要查看的内容为像片号、经度、纬度和高度，若出现不对应的情况需要及时手动调整，如图 3-2-2 所示。

图 3-2-2　检查影像数据内容

(2) 检查像控点文件中的数据，像控点文件不能包含特殊字符，格式为 txt 或 CSV，

如图 3-2-3 所示。

9102701		510663.429	4623422.213	932.844
9112502		510251.63	4623448.686	931.713
9111503		510186.64	4623153.16	928.621
9105004		510169.514	4622822.759	929.934

图 3-2-3　检查像控点文件中的数据

2. 新建项目

(1) 打开 Pix4Dmapper 软件，单击"新项目"，也可以使用"打开项目"功能加载其他项目，如图 3-2-4 所示。

图 3-2-4　新建项目

(2) 在弹出的对话框中设置新建工程属性，选择"航拍项目类型"，并输入"项目名称"和储存路径，完成后单击"Next"，如图 3-2-5 所示。

图 3-2-5　设置项目名称和存储路径

3. 导入数据

(1) 单击"添加图像",选择采集的正射影像素材并添加,如图 3-2-6 所示。

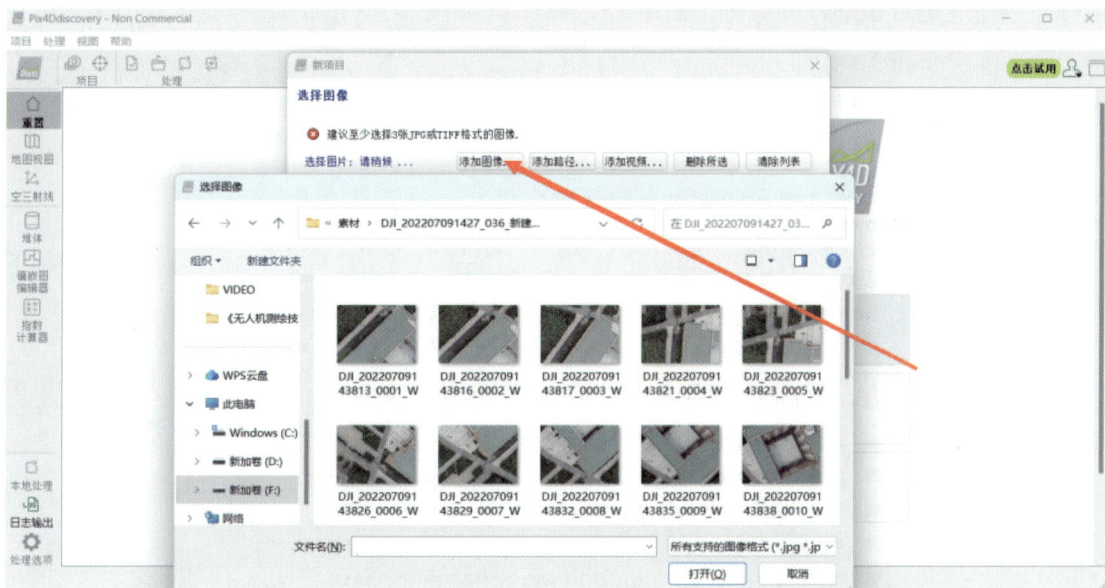

图 3-2-6　添加图像

(2) 添加完成后检查素材是否齐全,确认无误后单击"Next",如图 3-2-7 所示。

图 3-2-7　检查素材是否齐全

(3) 在弹出的图片属性窗口设置图片属性，单击坐标系右侧"编辑"按钮，设置坐标系为"WGS 84"，坐标系定义选择为"已知坐标系"，地理定位精度设置为"标准"，检查坐标系经纬度是否正确，确认无误后单击"Next"，如图 3-2-8 所示。

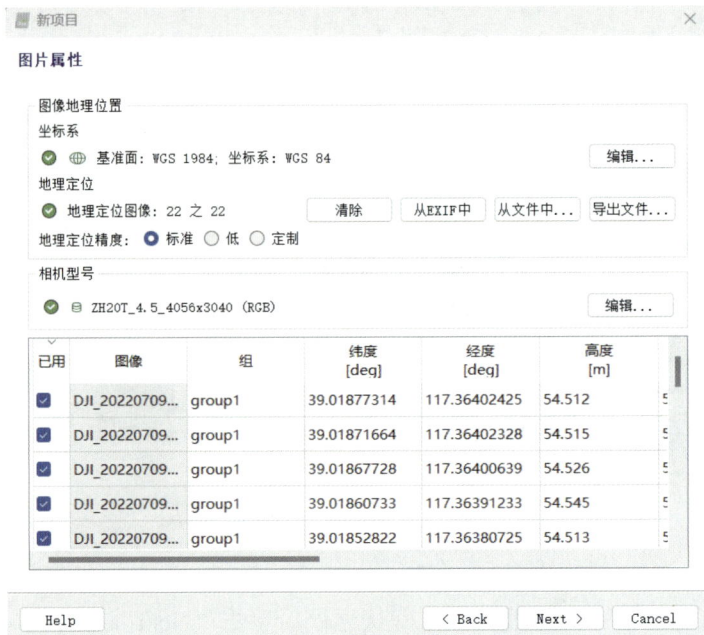

图 3-2-8　设置图片属性

(4) 在弹出的选择输出坐标系窗口中，选择输出坐标系为"已知坐标系"，完成后单击"Next"。已知坐标系的信息都在图片素材当中，也可以选择"自动检测"功能来自动检测坐标系信息，如图 3-2-9 所示。

图 3-2-9　选择输出坐标系

(5) 在弹出的处理选项模板窗口中，选择单击"3D Maps"，然后单击"Finish"。这里需要注意选择不同的处理选项，后续输出的模型成果将会不同，选择 3D Maps 可以生成正射影像图、DSM 数字表面模型、3D 纹理、点云等输出结果，如图 3-2-10 所示。

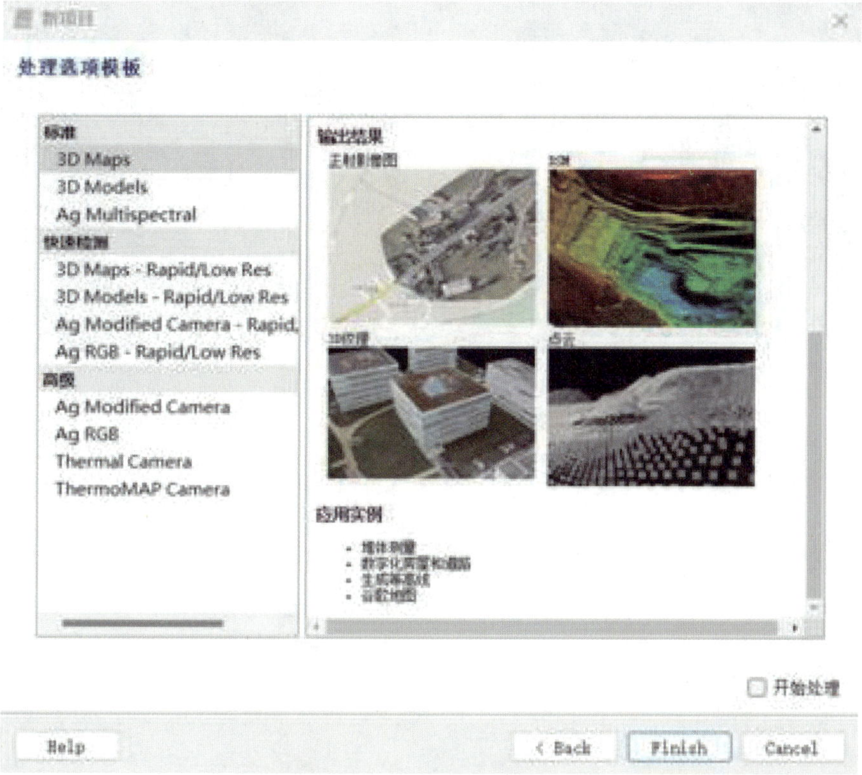

图 3-2-10　设置处理选项模板

4. 空三并刺像控点

像控点必须在测区范围内合理分布，通常在测区四周以及中间都要有像控点。二维正射模型至少要有 3 个像控点。通常 50 张像片有 3 个像控点左右，更多的像控点对精度也不会有明显的提升，但在高程变化大的地方更多的像控点可以提高高程精度。像控点不要选择在太靠近测区边缘的位置，像控点要能够至少在 2 张影像上同时找到，最好能够在 5 张影像上同时找到。像控点的导入方法可分为空三后在空三射线编辑器中刺点和空三前导入像控点并刺点两种。

1) 空三射线编辑器中刺点

空三射线编辑器中刺点是通过 POS 数据预测出所有像控点的位置。这种方法适用于在软件坐标系统库中可以找到 POS 数据坐标系统与 GCP(Ground Centrol Point，地面控制点) 坐标系统的情况，软件会自动将两种坐标系统转化成同一个坐标系统。

(1) 在弹出的窗口单击"本地处理"进入本地处理选项设置界面，勾选"初始化处理"选项后单击"开始"进行空三处理，如图 3-2-11 所示。

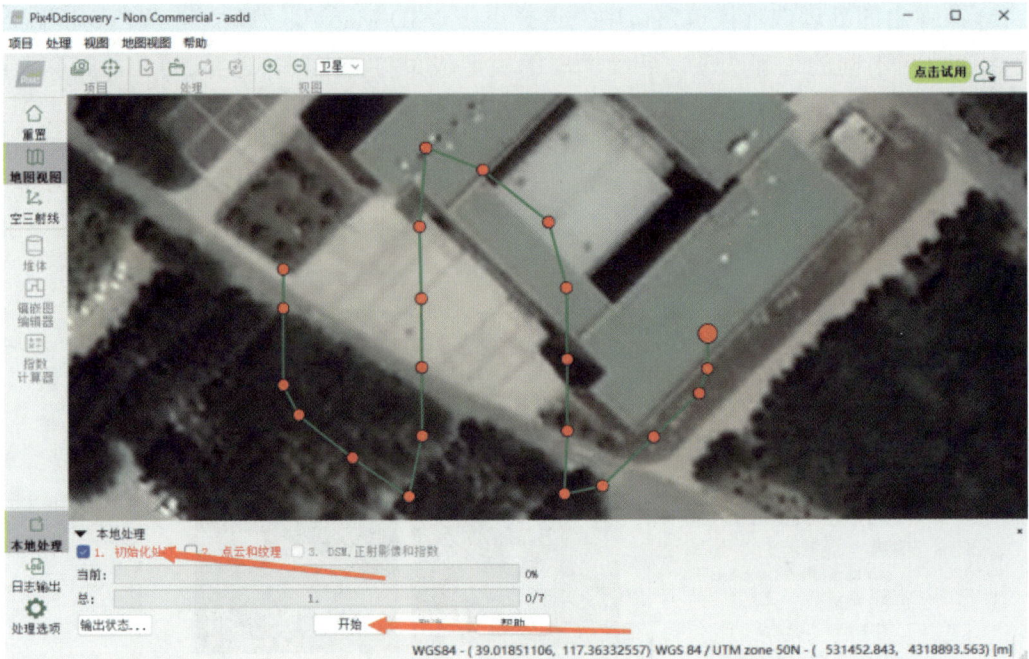

图 3-2-11　空三处理设置

（2）完成空三处理后即可看到其质量报告，质量报告主要检查 Dataset（数据集）以及 Camera Optimization（相机参数优化）两个问题，如图 3-2-12 所示。

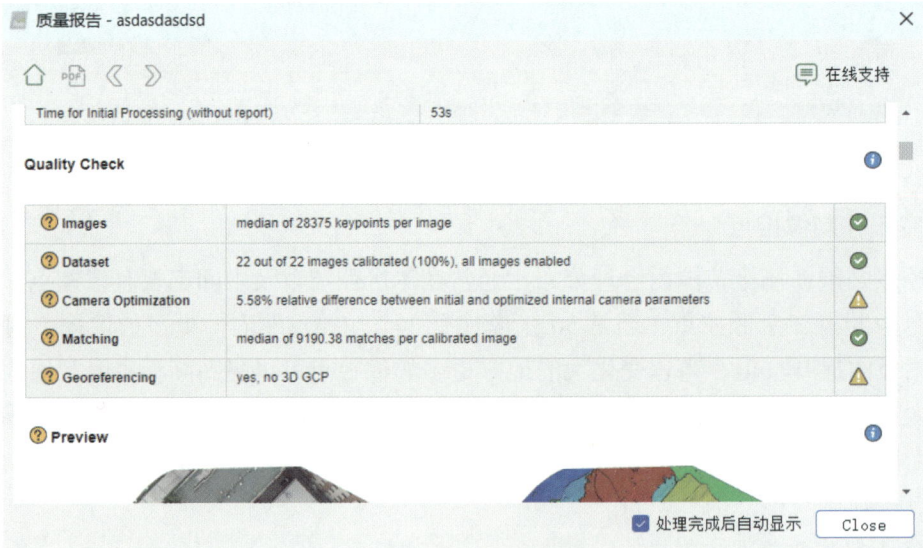

图 3-2-12　空三处理质量报告

Dataset：正常情况下，在快速处理过程中所有的影像都会进行匹配。检查时需要确定大部分或者所有的影像都进行了匹配。如果没有匹配就表明飞行时像片间的重叠度不够或者像片质量太差。

Camera Optimization：最初的相机焦距和计算得到的相机焦距相差不能超过 5%，否则就是最初选择的相机模型有误，需重新设置。

（3）单击"空三射线"进入空三射线编辑器窗口，即可查看空三成果，包括连接点以及系统预测像控点位置。在每张像片中使用鼠标左键单击刺出像控点的准确位置，当像控点被标记时会显示黄色的十字叉号标记，须至少标出 2 张照片。当像控点完成刺点后则会在黄色的十字叉号标记上增加显示一个绿色的 X 型叉号标记，表明该像控点已重新参与计算，如图 3-2-13 所示。

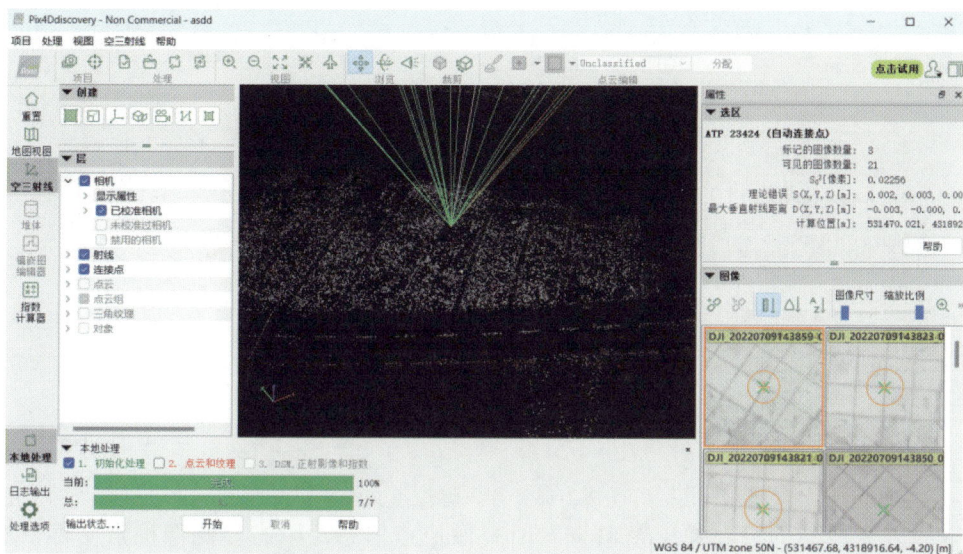

图 3-2-13　空三射线编辑器窗口中刺点

2）空三前导入像控点

此方法需要在像片中逐个刺出像控点，刺出像控点后可以由软件自动完成初步处理、生成点云、生成 DSM 以及正射影像。

（1）单击"项目"进入项目菜单选项，单击"GCP/MTP 管理"，进入控制管理界面，如图 3-2-14 所示。

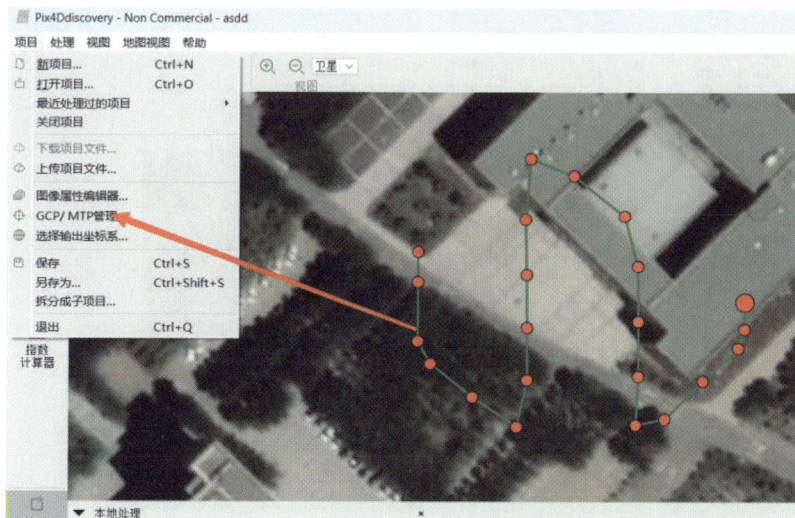

图 3-2-14　进入 GCP/MTP 管理界面

(2) 在 GCP/MTP 管理界面可以看到像控点的各种信息，单击"导入控制点"，将像控点文件 (.txt 或 .csv) 进行导入，如图 3-2-15 所示。

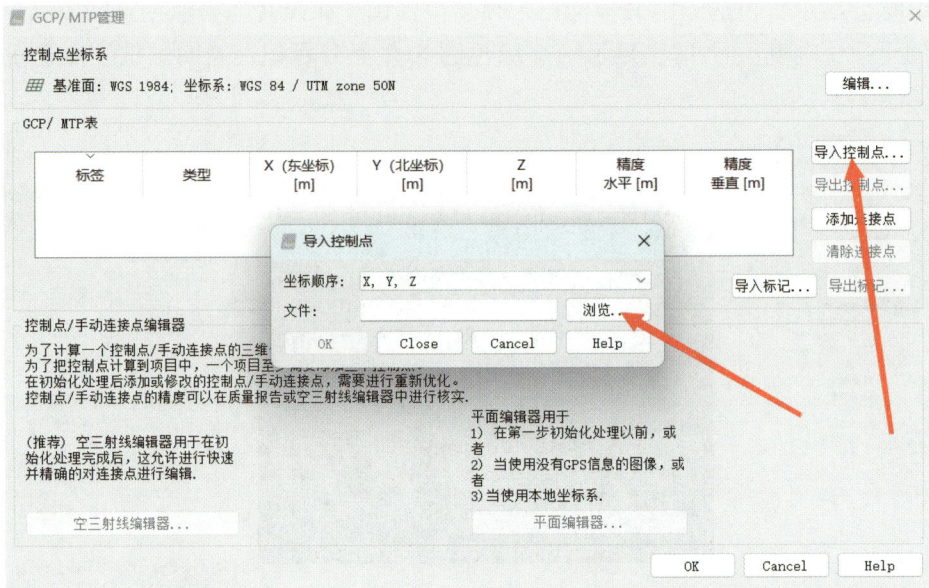

图 3-2-15　导入像控点文件

(3) 导入完成后即可在弹出窗口查看所有像控点信息，单击左侧像控点文件，右侧会弹出像控点图片，如图 3-2-16 所示。在对应的位置上，鼠标左键单击图像中的点标出像控点位置，一个像控点至少要在 2 张图像上进行标注，通常建议在 3 ～ 8 张图像上进行标注。此外，在质量报告中也会显示是否需要在更多的图像上标出像控点。

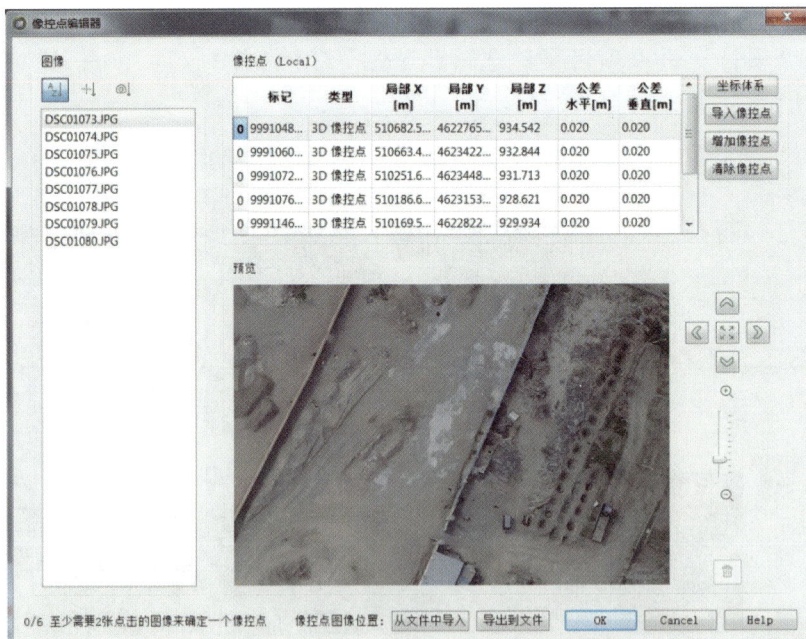

图 3-2-16　标记像控点

5. 成果生产

(1) 单击"本地处理"，根据需求在下方的处理选项中进行设置，一般默认即可。本地处理可以全自动化进行处理，只需要提前准备好素材及设置好参数即可，如图 3-2-17 所示。然后，单击"输出状态"，弹出"输出状态"窗口。

图 3-2-17 设置"本地处理"选项

(2) 依次单击"初始化处理"→"点云和纹理"，勾选"DSM""正射和影像指数"，然后单击"开始"即可进行正射影像数据成果的生成，如图 3-2-18 所示。

图 3-2-18 输出状态选项设置

6. 成果输出

待完成以上操作后，即可输出正射影像初步成果，并根据初步成果对正射影像图进行调整，具体如下：

(1) 调整拼接线。根据生成的初步成果，进行拼接线调整，主要调整对象是影像上的房屋以及道路等位置在拼接时出现的扭曲错位画面。

(2) 投影切换。选中所有的拼接影像，鼠标右键单击打开功能表，选取"平面投影"，此操作可以初步解决影像的拉花、变形现象，个别影像需要人工操作切换影像以达到更好的成像效果，如图 3-2-19 所示。

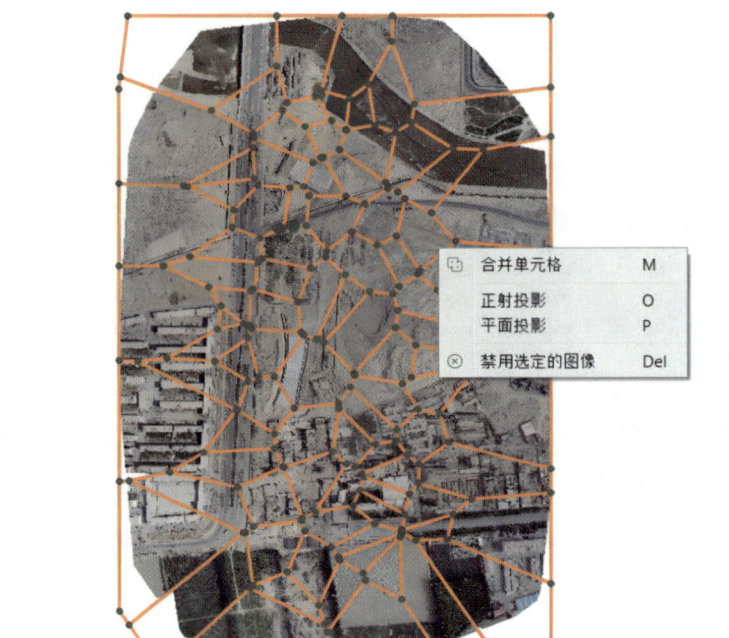

图 3-2-19　投影切换操作

(3) 混合影像。切换到混合影像功能，在右方界面单击"混合影像"按钮，输出最终正射影像成果，输出路径为预设的保存路径，如图 3-2-20 所示。

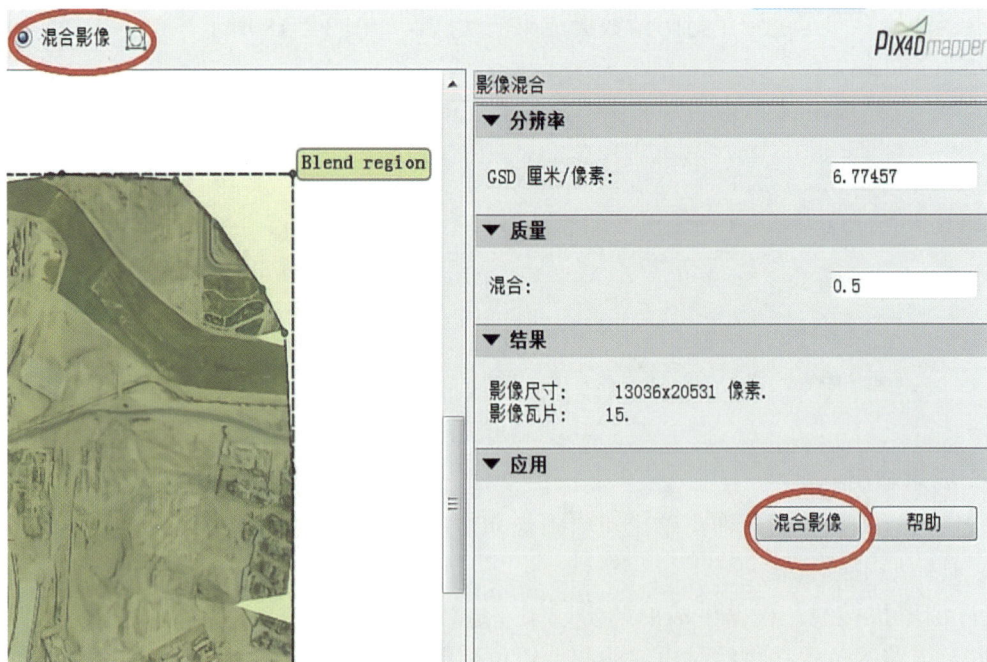

图 3-2-20　切换到混合影像输出正射影像成果

三、数字正射影像图处理

数字正射影像
图处理

获取原始遥感影像数据时，受天气条件、地形特点、传感器等因素的影响，原始影像质量存在色差过大、扭曲拉花、阴影、云雾等目视不美观问题，破坏了人眼视觉解译能力，影响了审美效果。快速便捷地对存在问题的数字正射影像图进行处理，已成为 DOM 生产处理中的关键流程。

针对数字正射影像图普遍存在的局部色差过大、扭曲拉花、阴影、云雾等目视不美观问题，可采用 Photoshop 软件进行正射影像处理，利用色彩互补理论对正射影像进行色阶调整、曲线调整、色彩平衡调整，高效精确地解决正射影像图的色调、清晰度等问题。采用 Photoshop 软件对数字正射影像图进行处理，主要包括以下几个方面。

数字正射影像图
常见问题处理

1. 色差处理

影像明暗度指标通过色阶来表示，一幅正射影像的色彩饱和度、精细度均由色阶决定。在 Photoshop 软件中，可利用色阶工具分通道对影像的明暗度、对比度、色彩等进行逐步调整。对色彩差异较大的正射影像进行处理时，羽化的选取十分重要，要确保选区内外边缘棱角的渐变效果，该区域的羽化值应设置适中。处理后形成的正射影像应该具备纹理清晰、色彩自然、明暗层次分明、反差适中等特点，如图 3-2-21 所示。

(a) 调色前效果　　　　　　　　　　　　　　(b) 调色后效果

图 3-2-21　调色前后效果对比

2. 影像镶嵌

要想实现影像间的无缝接边，需要消除影像间的漏洞、接边痕迹等现象，这就需要进行影像镶嵌处理。影像镶嵌处理时，通常选择山脊、河流、道路等带状地物进行镶嵌，为防止地物间的错位，禁止在块状地物处镶嵌。为了避免产生重影，影像镶嵌时所选区域的羽化值不应超过 10。影像镶嵌处理效果如图 3-2-22 所示。

图 3-2-22　影像镶嵌处理效果

3. 阴影处理

受地形高低起伏、高大建筑物、树木等影响，光照遮挡将导致正射影像图中出现城市和山区阴影区域，影响图面目视效果。在 Photoshop 软件中，可通过重复调整明暗度、亮度来减少影像的阴影，恢复被遮挡地物的自身纹理、亮度、色调等信息。阴影处理前后效果如图 3-2-23 所示。

(a) 阴影处理前效果　　　　　　　　　(b) 阴影处理后效果

图 3-2-23　阴影处理前后效果对比

4. 错位拉花处理

针对 DOM 中个别高架桥、公路、房屋、山体会出现错位拉花变形的情况，通常需要将出现拉花区域的 DEM 格网贴合地面，利用精修的 DEM 生成没有错位拉花的 DOM，并借助 Photoshop 软件将拉花区域用纠正后的影像替换。图 3-2-24 为某道路错位处理前后效果。

(a) 道路错位处理前效果　　　　　　　(b) 道路错位处理后效果

图 3-2-24　道路错位处理前后效果对比

5. 云雾处理

试生产区域的正射影像中局部会出现云雾覆盖的现象，导致地物模糊、解译效果不佳、色调偏暗且色彩不丰富。可在 Photoshop 软件中用后期下发的没有云雾遮挡的影像来替换、修补，使得影像纹理清晰、地物色调丰富。云雾处理前后效果如图 3-2-25 所示。

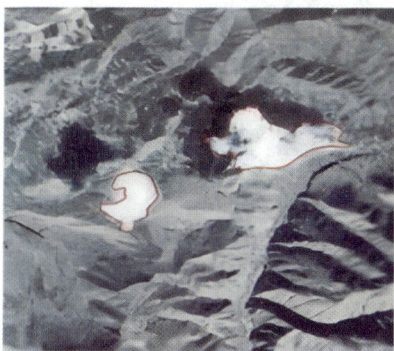

(a) 云雾处理前效果　　　　　　　　　　(b) 云雾处理后效果

图 3-2-25　云雾处理前后效果对比

四、数字高程模型生产

数字高程模型在诸多领域都有着广泛的应用，如何快速、准确地获取高程数据产品是各个行业比较关注的方向。目前，建立 DEM 的方法有很多种，可以直接从地面测量获取，也可从现有地形图上采集等。在此，主要介绍在 DSM 数据成果的基础上采用地面滤波、高程内插的方法快速获取 DEM 产品的生产方式。

数字高程模型
(DEM) 生产

1. 作业资料及编辑软件

将已生成的 DSM 产品导入 ArcGis 或 ArcMap 软件，结合 DOM 数据、区域网平差成果及其他相关资料，进行 DEM 生产。

2. 技术路线

基于 DSM 产品，参考 DOM 数据，对 DSM 中的房屋建筑物、桥梁、林地等非地面高程地物进行滤波编辑，将地表高程降至地面高程。编辑后的区域须与周边合理过渡，消除局部高程异常，即获得 DEM 产品数据。

3. DEM 编辑生产要点

(1) 在软件中加载 DOM 数据，确定编辑区内房屋建筑、林地、桥梁等非地面高程地物的边界，针对不同地物进行滤波降高处理。通过加载立体模型，查看房屋建筑、林地等地物的实际高度，根据高度值进行降高处理，使处理后的 DEM 数据精度更高。

(2) 在软件中，可针对不同地形、不同地物选择对 DSM 数据进行编辑处理。

(3) 对于山地、高山地地形，为确保在林地降高处理时尽量不破坏山地、高山地的地

形特征，可使用软件工具提取山脊、山谷线，这样在林地降高处理时软件算法可自动考虑山体的山脊和山谷特征，从而不破坏山体的地形特征，如图 3-2-26 所示。

图 3-2-26　自动提取的山脊、山谷线

(4) 对于大面积林地区域，人工选取降高区域会较慢，可使用软件中工具进行自动分类。根据实际需求对植被、建筑、水域、裸露地表等地物进行分类，分类后的矢量数据可在滤波降高过程中使用。图 3-2-27 为进行超像素分类后得到的植被和居民区的矢量范围。

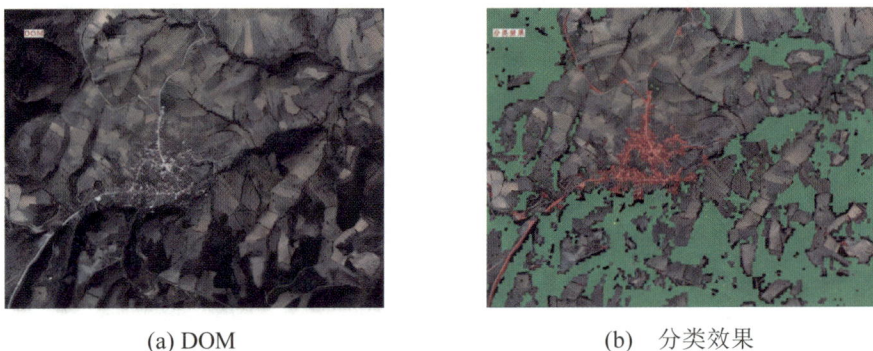

(a) DOM　　　　　　　　　　　(b)　分类效果

图 3-2-27　超像素分类后的植被、居民区的矢量范围

(5) DSM 成果经滤波编辑后即可得到地形与周边合理过渡，地表形态符合实际地形特征，高程精度满足成果要求的 DEM 成果。

五、基于正射影像与 DSM 的数字线划图生产

采用 Photoshop 软件对数字正射影像图进行一系列处理之后，就可以利用得到的高精度正射影像图结合 DSM 进行数字线划地图 DLG 的生产。生产内容主要包括 DLG 数据的编辑、DLG 质量检查和数据成果输出三部分。

1. DLG 数据的编辑

数字线划图数据的编辑主要包括建立 EPS 工程、生成及加载垂直摄影三维测图、生成数字线划图几部分，这里我们将以清华山维 EPS

基于正射影像与 DSM 的数字线划图生产

V6.0 软件为例进行讲解。

1) 建立 EPS 工程

利用 EPS 软件新建工程前，需要根据采集的数据定制模板，以使数据规范化。模板一般由专业人员进行定制。由于数据源为垂直摄影成果，须加选垂直摄影三维测图模块及点云测图三维模块。在模板及工作台面确定后，进入工作界面，如图 3-2-28 所示。

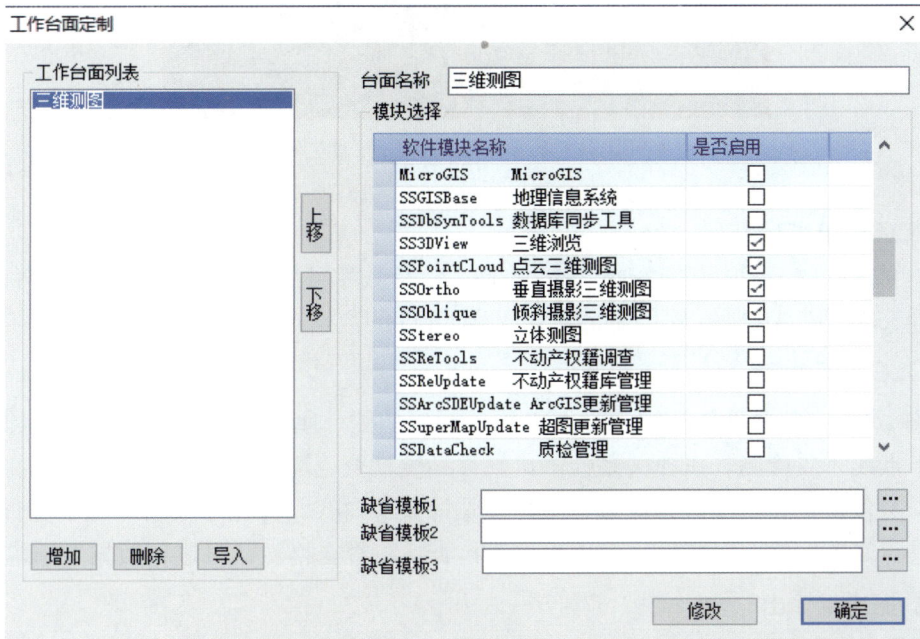

图 3-2-28　工作台面定制界面

2) 生成及加载垂直摄影三维测图

垂直摄影三维测图模式的模型生成及加载是基于 DOM 和 DSM 数据成果进行的，需要准备数据 DOM 数字正射影像图及 DSM 数字地表模型。在 EPS 三维测图模块中，利用 DOM 和 DSM 数据在同目录下叠加生成一个包含地表建筑物、桥梁和树木等高度的垂直摄影模型，该模型数据为 DSM 格式。模型生成后，需要加载 DSM 格式的垂直摄影模型，同时加载 TIF 格式的超大数字正射影像图 DOM。加载后界面视图左边为平面影像，右边为垂直三维模型，如图 3-2-29 所示。具体加载流程如下：

(1) 数据准备：在大疆智图二维重建工程文件夹中，找到 DOM(result.tif) 和 DSM(dsm.tif) 成果；

(2) 模型转换：打开 EPS 软件，选择"三维测图"选项，单击"新建"，选择合适的处理模板并单击"确定"。在弹出的对话框中分别输入 DOM、DSM、存储路径，并选择合适的精细度(数值越大越清晰，耗时越久)，单击开始生成。转换完成后会在目标文件夹生成 dsm.dsm 文件。

(3) 数据导入：单击"三维测图"→"加载垂直摄影模型"，打开上一步转换的成果文件夹，选择"dsm.dsm"文件单击打开，浏览由 DOM 套合 DSM 生成的垂直模型，即可基于此成果进行线划图生产相关操作。

(a) 平面影像   (b) 垂直三维模型

图 3-2-29　垂直摄影三维测图加载后的界面视图

3) 生成数字线划图

将生成的数字表面模型 (dsm.dsm 文件) 以及数字正射影像图 (resuit.tif 文件) 导入 CASS、ArcGIS 或 ArcMap 软件中，实现生成 DLG 的数据转换。

2. DLG 质量检查

DLG 质量检查主要包括作业方案检测、图形检测、重叠点线检测、悬挂点检测、编码检测、点线矛盾检测、拓扑关系检测、属性精度检查、逻辑一致性检查、数据完备性检查、数据文件检查、制图数据检查、附件质量检查等内容。检查完成后对每个检查项的错误内容进行修改。修改完毕后，可再次进行检查，检查合格后，可进行数据导出等操作。

3. 数据成果输出

由于生产单位的用途不同，对 DLG 成图的数据格式要求也不同，但大多数单位需要的数据格式为 dwg 格式。如有其他特殊格式需求，根据成果数据要求格式进行输出存放即可。关于数据成果输出的相关详细内容，可参考本章任务三无人机倾斜摄影数据处理的"基于三维模型的数字线划图生产"中数据存储及导出的内容。

六、正射影像图属性调绘

数字正射影像图调绘，并不是单纯地用影像图调绘，而是将内业获得的数字线划图数据与数字正射影像图数据进行叠加，导入笔记本电脑或平板电脑，再配合相应的软件、符号库进行的外业调绘，是以电脑为载体的全数字化外业调绘。数字正射影像图调绘适用于"先内后外"的成图模式，具体步骤和工艺流程如下。

正射影像图
属性调绘

1. 内业调绘准备

将内业预判的数字线划图数据成果与数字正射影像图数据叠加，导入笔记本电脑或平板电脑，再配合相应的软件、线型库、符号库、字库形成完整的数字化调绘底图，按 1:1 的比例进行图形输出，打印形成外业调绘用的纸质工作图。对于不能判断其属性的点状或线状要素，应使用特殊符号或特殊线型放入特定层码，以等待外业确定其属性。

2.外业调绘

外业调绘遵循内业定位和外业定性的原则进行核查、纠错、补调。先对调绘资料进行分析，再结合内业不能判断其属性的点状或线状要素制定调绘路线，准备数码相机、手持GPS等必要的辅助工具。

作业员持回放的纸质图采用"远看近判"和"以线带面"的方法，到实地现场对图形和属性等要素进行核查、纠错，核实疑问标记，调注地理名称，核实原资料上已有的地理名称，用不同的符号和注记说明直接标注在影像图上，同时对影像图上没有的地物、地貌，按规定要求补绘在影像图上。

3.调绘成果输出

回到内业，在计算机上利用专业软件将外业工作图上标注的各种要素按规定进行数据采集整理，对数字线划图数据进行地物的补测、属性的输入以及质量检查等操作，实现外业调绘成果的数字化。

七、无人机航测正射影像数据处理成果核验

正射影像图的质量检查验收，一般是在质检人员掌握相关业务技能，熟悉相关技术指标的基础上进行的，实际操作中并没有统一的量化标准，只能根据错漏个数大致给出评价。现通过对近年来正射影像图的生产经验进行总结，参考各类测绘标准确定审验标准，对各种类型的错漏个数进行统计计算，得到每个审验单元的具体分数，并给出相应的质量等级评价。具体内容如下所述。

无人机航测正射
影像数据处理
成果核验

1.确定成果审验内容

1)确定审验依据

审验依据主要包括：

(1) 行业内有关正射影像图的技术标准、技术规范；

(2) 测绘生产任务书或合同书中有关正射影像图质量的技术指标或检查验收文件；

(3) 测绘生产技术设计书。

2)确定审验内容

数字正射影像图成果的审验内容主要包括生产中的两个关键环节：空三定向和正射影像制作。

空三定向成果的审验内容包括以下几方面：

(1) 数学基础：采用的坐标系统、高程基准、地图投影是否符合技术设计的要求。

(2) 点位：控制点、检查点的选刺是否准确，坐标录入是否正确。

(3) 平差与计算：计算结果是否满足技术规定的精度要求，问题处理是否合理，记录是否清楚。

数字正射影像成果的审验内容包括以下几方面：

(1) 数学基础：地面分辨率是否符合要求，平面精度是否满足要求，影像范围和影像起始点坐标是否正确。

（2）影像质量：影像接边是否正确，影像是否模糊或错位，重要地物是否存在扭曲变形的现象，影像是否清晰易读，反差是否适中，色调是否均匀一致。

（3）成果整理：数据命名、格式及组织是否符合要求，数据成果是否齐全，文档资料填写是否正确、完整。

2. 确定成果审验标准

1）差错类型及分类

数字正射影像图成果的差错类型根据其影响程度分为以下三类：

（1）严重错误：导致成果不合格、无法正常使用的差错。

（2）较重差错：一定程度上影响成果正常使用的差错。

（3）一般差错：轻微影响成果正常使用的差错。

数字正射影像图成果的差错性质分类同样按照生产中空三定向和正射影像制作的两个关键环节划分执行，具体如表 3-2-1 所示。

表 3-2-1　空三定向和正射影像制作差错分类执行表

空三定向成果差错分类			
类别	严重错误	较重错误	一般差错
文件名及数据格式		数据文件不齐全	
数学基础	空间定位参考系统错误	① 像控点刺点位置不准确； ② 定向点中误差超限； ③ 定向点、检查点残差超限	
数据现势性		参考资料使用不正确	① 参考资料不齐全； ② 参考资料现势性不符合要求
数字正射影像成果差错分类			
类别	严重错误	较重错误	一般差错
文件名及数据格式	成果不齐全	① 文件命名不符合规定； ② 数据格式不符合规定	
数学基础	① 空间定位参考系统错误； ② 成果总体精度中误差超限； ③ 成果分辨率不符合技术规定	① 检查点残差中误差超限； ② 影像接边误差超限； ③ 图幅范围小于规定范围； ④ 图廓坐标值与理论值不符	图幅范围大于规定范围
影像质量	影像色彩模式不符合要求	① 地物有明显扭曲变形现象； ② 影像模糊、错位； ③ 影像色调不均匀； ④ 彩色影像图的色彩失真	影像有明显的镶嵌痕迹
数据完整性		数据文件整理不齐全	① 文档资料不完整； ② 元数据或图历簿填写有错漏

2) 差错扣分标准和权重分配

数字正射影像图成果的差错扣分标准为严重错误扣 41 分，较重错误扣 15 分，一般错误扣 3 分。

审验中两个关键环节的差错扣分权重分配如下：

(1) 空三定向成果：文档类的权重设为 0.20，数据计算和成果整理的权重设为 0.80。

(2) 正射影像数据：文档类的权重设为 0.10，成果质量的权重设为 0.90。

3) 成绩计算

检查采用百分制评分，每个检查项目总分值为 100 分。最终成果检查总得分为各检查项目分值总和的加权平均值。

3. 评定成果质量等级

1) 成果质量等级评定

对于成果质量评定单元的划分，空三定向成果以"区域"为单位，正射影像图成果以"图幅"为单位。成绩评定分为优秀、良好、合格、不合格四个等级：总得分在 90 ~ 100，为优秀；总得分在 75 ~ 89，为良好；总得分在 60 ~ 74，为合格；总得分在 60 分以下，为不合格。

在检查验收时若发现某一项成果中出现 1 个严重差错，则该成果中的该图幅 (或区域) 按 0 分计算，并作返工处理。

2) 记录统计结果

成果质量检查应完整，真实记录质量元素差错情况，并填写相应的成果质量检查记录表。

3) 评定结果处理原则与方法

成果质量评定应遵循以下原则和处理方法：

(1) 成果质量被评定为合格等级以上的，对发现的差错应及时修改，修改后经检验为正确的，成果方可上交。

(2) 成果质量被评定为不合格的，必须返工，返工后的成果质量等级最高只能评定为合格。

(3) 上一级评定的成果质量等级，原则上不高于下一级的评定等级。

任务三　无人机倾斜摄影数据处理

数据获取完成后，首先检查获取的影像质量，对不合格的区域进行补飞，获取满足质量要求的影像，然后对存在色偏的影像进行匀光匀色处理，之后即可进行无人机倾斜摄影数据处理。

无人机倾斜摄影
数据处理流程

一、无人机倾斜摄影数据处理流程

倾斜摄影测量影像处理的关键技术通常包括非量测相机高精度检测、多视影像联合平差、多视影像密集匹配、数字表面模型生成、真正射影像纠正、3D 建模等关键内容，数据处理流程如图 3-3-1 所示。

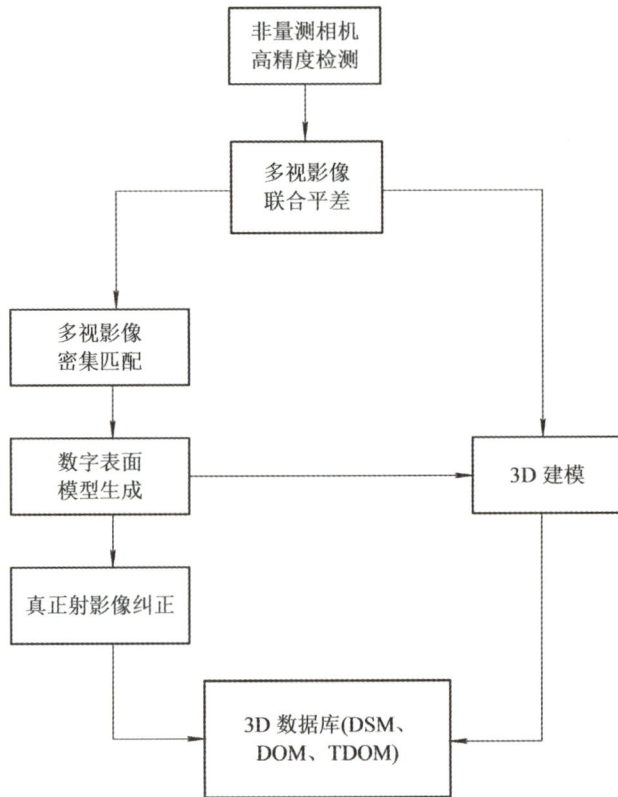

图 3-3-1 倾斜摄影数据处理流程

1. 非量测相机的高精度检测

非量测相机的高精度检测是确保倾斜摄影数据质量的基础，涉及对相机性能的全面评估，包括镜头畸变、分辨率、灵敏度等参数的测试与校正。在进行倾斜摄影时，相机需要捕捉到地面物体的精确细节，这就对相机的性能提出了极高的要求。因此，对相机进行全面的性能评估至关重要。其中主要包括：对镜头畸变进行检测与校正，以确保拍摄出的图像不会出现畸变现象；对相机分辨率进行评估，以保证相机能够捕捉到足够的细节；对相机灵敏进行测试，以确保在不同的光照条件下相机都能够获得清晰的图像。通过这一系列精密的检测与校正步骤，可以确保非量测相机在倾斜摄影过程中能够捕捉到高质量、准确的图像数据，为后续的数据处理和应用奠定坚实的基础。

2. 多视影像联合平差

多视影像包括垂直摄影影像和倾斜摄影影像。在处理摄影影像的过程中，部分空中三角测量系统无法较好地完成影像处理，因此需要多视影像联合平差处理方法来处理倾斜影像。在多视影像联合平差过程中，需要注意以下几个方面：

(1) 影像间的几何变形和遮挡关系；

(2) 结合定位定向系统提供的多视影像外方位元素和金字塔影像匹配策略，在每级影像上进行同名点自动匹配和联合平差，得到较好的同名点匹配结果。

(3) 建立误差方程式时，将连接点、控制点坐标、GPS/IMU(Inertial Measurement Unit, 惯性测量单元) 辅助数据等数据，与多视影像自检校区域网平差的误差方程进行联合解算，以获取高精度的平差结果。

3. 多视影像密集匹配

多视影像密集匹配是数字摄影测量的核心技术之一。基于多视影像的特点，多视影像密集匹配相较于传统的单一立体影像匹配有诸多优点：

(1) 在多视影像中，由于数量较多，因此可以利用影像中的冗余信息，来对所拍摄地物中的错误匹配进行改正。

(2) 可以利用多视影像中的信息，尽可能地对盲区的地物特征进行补充。

4. 数字表面模型生成

利用多视影像密集匹配方法能够生成高精度、高分辨率的数字表面模型 DSM，该模型能够表达地形的起伏变化。但多角度倾斜影像之间存在因角度、色差、高度等引起的差异，且影像中会存在一定的阴影和遮挡问题，可以先依据自动空中三角测量计算出各个影像的外方位元素，继而选择合适的影像匹配单元与计算出来的外方位元素进行特征匹配和像素级的密集匹配，并引入并行算法，提高计算效率。

5. 真正射影像纠正

多视影像真正射影像纠正涉及物方连续的数字高程模型 DEM 和大量离散分布且粒度差异很大的地物对象，以及海量的像方多角度影像。在进行多视影像真正射影像纠正的过程中，物方和像方同时进行，在纠正过程中需考虑几何辐射等系统误差，进行联合纠正，最后获得正射影像。

6. 3D 建模

无人机获取的倾斜摄影影像经过影像处理之后，利用测绘建模软件可以生成倾斜摄影三维模型。生成的模型有两种，分别为单体对象化的模型以及非单体对象化的模型。在构建模型的过程中，软件会自动根据多视影像进行密集匹配，自动生成高密度的点云数据。利用这些点云数据可以构建不同层次的不规则三角网，同时还得到了带有白模的三维模型。因为每张影像都有精确的位置信息，软件可以依据这些信息计算出每个三角网所对应的影像中的位置，然后将纹理信息与三维 TIN(不规划三角网) 模型进行配准，最后进行纹理影像反投影实现纹理贴附，最终完成三维模型的构建。

二、基于大疆智图进行数据处理

（实操）大疆智图
数据预处理与
数据导入

大疆智图可通过可见光重建功能获得高精度二维地图或三维模型，具有处理效率高、重建效果好、处理规模大、支持集群重建、容易使用等优点。

大疆智图可见光重建功能包括二维重建和三维重建，其中二维重建是基于摄影测量原理，利用无人机采集的影像生成所摄区域的数字表面模型及数字正射影像的过程。三维重建是基于摄影测量、计算机视觉中的多视几何及计算机图形学等原理，利用无人机采集的影像生成所摄物体实景三维模型的过程。

二维 / 三维重建基本流程为数据导入→空三→二维 / 三维重建。其中，空三是二维 / 三维重建的必要步骤，可单独进行空三，也可与二维 / 三维重建一起开展。详细的数据处理流程如下所述。

1. 数据预处理

使用大疆无人机及大疆负载 (如 P4R、P1 等) 采集的数据，无须进行数据预处理，可直接跳过此步。使用第三方的五相机 / 三相机负载，如果这些相机未区分相机型号 (即所有照片的相机型号属性都是一样的)，且相机内部参数没有以 XMP 形式写入照片，则需要对照片做以下预处理：

(1) 以五相机为例，将采集的照片以每个镜头为单位分别存放在 5 个文件夹内，再分别在每个文件夹中全选影像，右键单击"属性"，单击"详细信息"，下拉找到照相机型号，双击右侧参数值框进入编辑模式，输入数字或字母，分别在 5 个文件夹内修改所有照片的照相机型号，不可重复，如图 3-3-2 所示。可将不同相机照片的相机型号分别设置为 1、2、3、4、5 或 A、B、C、D、E。

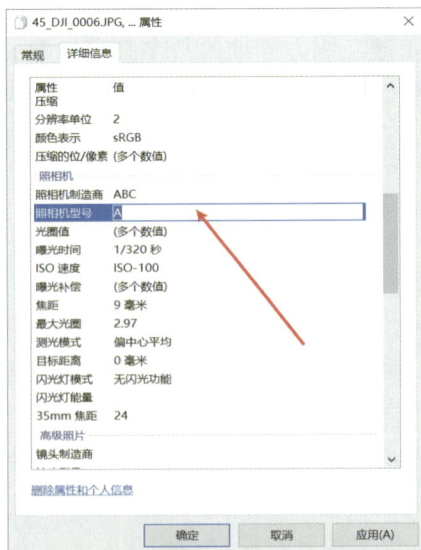

图 3-3-2　设置照片的照相机型号

(2) 对于第三方设备采集的"35mm 焦距"参数未定义的影像，可定义该参数以提升重建效率和效果。将所有影像储存在一个文件夹下，选择所有照片，右键单击"属性"，单击"详细信息"，下拉找到"35mm 焦距"参数项，双击右侧参数值框进入编辑模式，输入正确的"35mm 焦距"参数，如图 3-3-3 所示。

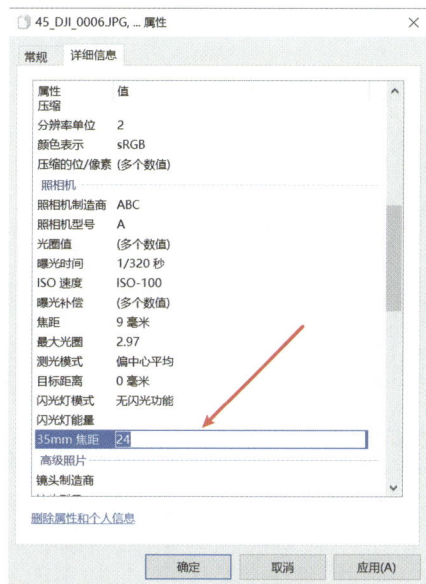

图 3-3-3　设置照片焦距

2. 新建重建任务

启动 DJI Terra 软件并登录后，单击左下角新建任务，选择"可见光"重建任务类型，如图 3-3-4 所示。

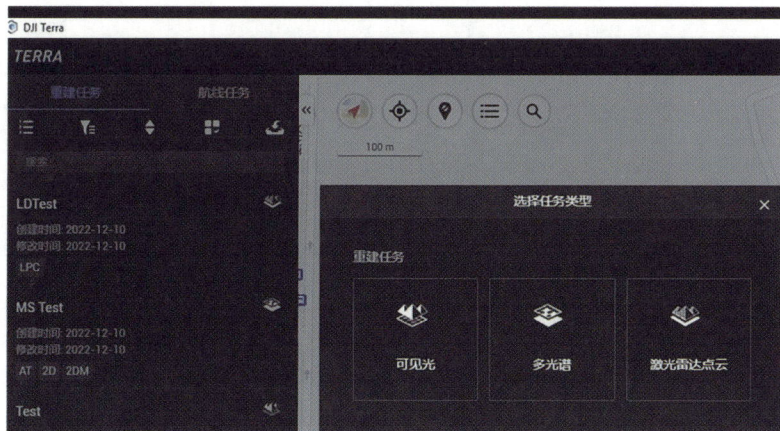

图 3-3-4　新建任务界面

3. 添加影像

(1) 可通过以下两种方式添加原始影像：

① 单击 ，从计算机中选择影像进行数据添加，可按 Ctrl+A 键全选所有照片进行

导入。

② 单击■，从计算机中选择影像所在文件夹，进行数据添加；若文件夹下有子文件夹，会自动添加所有的子文件夹下的影像。

注意：影像所在文件夹的文件路径不能带特殊字符，如"#"，否则像控点页面刺点视图将无法显示。

(2) 相机位姿展示。

① 影像添加完成后，单击地图界面右上角显示■图标，打开拍照点显示，影像对应的地理位置将以圆点形式显示在 2D 地图上，如图 3-3-5 所示。

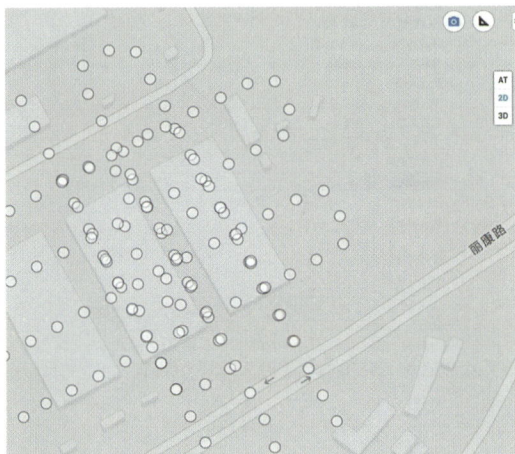

图 3-3-5　影像对应的地理位置显示在 2D 地图上

② 亦可切换至"AT"或"3D"视图下查看三维空间下的相机点位分布，如图 3-3-6 所示。

图 3-3-6　三维空间下的相机点位分布图

(3) 影像管理。

单击影像右侧的"＞"来管理影像。影像按照所在文件夹进行分组显示，单击打开各个分组的列表以查看并管理影像，如图 3-3-7 所示。

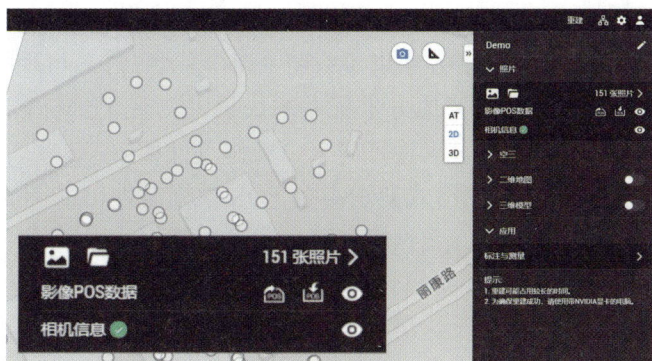

图 3-3-7　影像管理界面

(4) 选择指定范围影像。

若需要保留或删减指定范围内的影像，可在影像管理界面进行如下操作：

① 添加区域边界点。

单击 图标，使用鼠标左键在地图上添加边界点以绘制框选区域。如果事先设置了 KML 范围，也可单击 图标以导入 KML 文件，文件中所包含的点将作为边界点以形成框选区域。

② 编辑边界点。使用鼠标左键单击边界点将其选中，按住鼠标左键并拖动即可调整边界点位置，在边界线上单击鼠标左键可插入新的边界点。单击 可删除当前选中的边界点，单击 可删除所有边界点。

③ 选定区域后，单击鼠标右键，可在弹出的菜单中选择删除框内或框外照片，如图 3-3-8 所示。

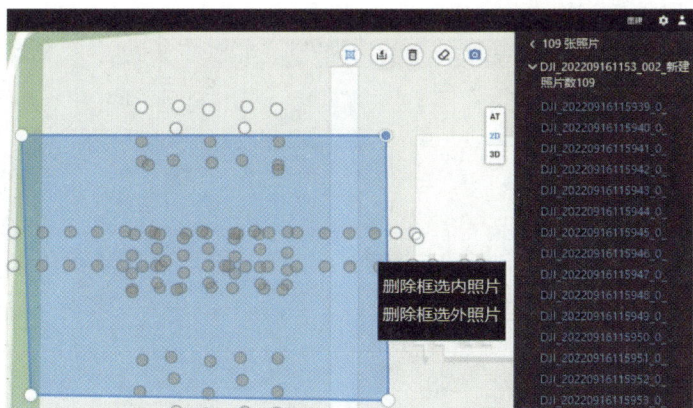

图 3-3-8　编辑选定区域

④ 完成操作后，单击返回重建页面。

4. 导入影像 POS 数据

影像 POS 数据记录了影像的地理位置、姿态以及其他定位辅助信息，准确的影像 POS 可提升重建速度及成果精度。部分第三方相机的 POS 与影像是分开的，需要执行导入 POS 的操作。大疆无人机及大疆负载 (如 P4R、P1 等) 采集的数据，都是将 POS 写入照片，无须执行此步骤。某些第三方相机没有将 POS 写入照片，可使用影像 POS 导入功能，将 POS 与照片对应。如果需要地方坐标系的成果，可使用坐标转换工具将原始影像的 POS 转换成地方坐标系的 POS，再进行导入。操作流程如下：

(1) 根据影像 POS 数据导入的格式要求准备 POS 数据文件，如图 3-3-9 所示。大疆智图支持导入 txt 和 csv 格式的数据。数据信息至少包含影像名称 (须为绝对路径，并带 .jpg 后缀)、纬度 (X/E)、经度 (Y/N)、高程 (Z/U) 等信息，文件可以使用逗号 (，)、点 (.)、分号 (;)、空格、制表符作为列分隔符，确保 POS 信息中影像名称与导入数据的影像数据名称对应且唯一。

	A	B		C		D	E	F	G	H	I
1	照片名称	纬度		经度		高度	Yaw	Pitch	Roll	水平精度	垂直精度
2	D:/DATA/	22.5	56	113.9	9	274.02	-97.1	-90	0	0.03	0.06
3	D:/DATA/	22.5	56	113.9	7	274.05	-92.2	-90	0	0.03	0.06
4	D:/DATA/	22.5	55	113.9	4	274.05	-91.3	-89.9	0	0.03	0.06
5	D:/DATA/	22.5	55	113.9	2	274.07	-91.3	-90	0	0.03	0.06
6	D:/DATA/	22.5	54	113	6	274.09	-91.7	-90	0	0.03	0.06
7	D:/DATA/	22.5	53	113.9	8	274.08	-91.6	-90	0	0.03	0.06
8	D:/DATA/	22.5	53	113.9	5	274.09	-91.3	-90	0	0.03	0.06
9	D:/DATA/	22.5	52	113.9	3	274.1	-91.6	-90	0	0.03	0.06
10	D:/DATA/	22.5	51	113.9	1	274.07	-91.7	-90	0	0.03	0.06

图 3-3-9　POS 数据文件的格式

注意：如需对影像自带的 POS 数据进行坐标转换，可在"影像 POS 数据"右侧单击"导出 POS 数据"按钮，将影像 POS 数据导出，使用第三方坐标转换工具 (如 COORD 软件) 转换后再导入。

(2) 在"影像 POS 数据"右侧单击"导入 POS 数据"按钮，选择需要导入的 POS 数据文件。需注意的是，如果影像本身不带 POS，导入 POS 后软件页面也不会显示 POS 点位，但在重建时会使用导入的 POS 数据进行重建。如果影像本身带 POS，导入转换后会覆盖原有 POS 数据，如图 3-3-10 所示。

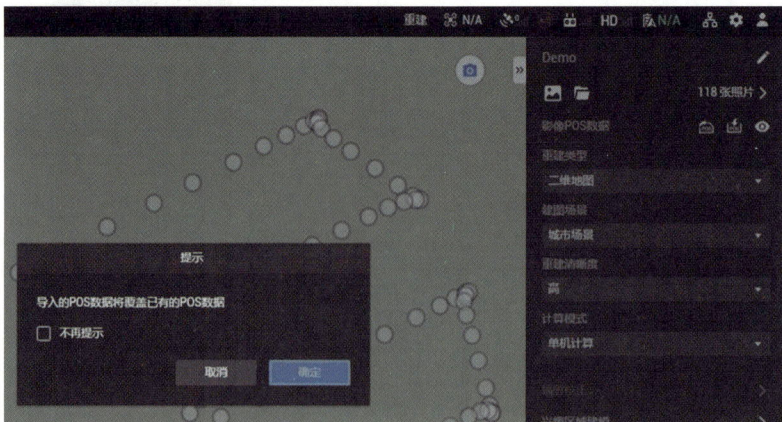

图 3-3-10　导入 POS 数据文件

(3) 在"文件格式"栏，按导入数据的格式分别设置"忽略文件前几行""小数分隔符""列分隔符"。"数据列定义"窗口将根据"文件格式"的设置显示数据。忽略文件前几行用于删除数据文件中的标题及样例行。小数分隔符用于定义小数点的显示形式（不同国家小数点的标识方式不同）。列分隔符用于定义文件内容各列间的分隔符号，如图3-3-11所示。

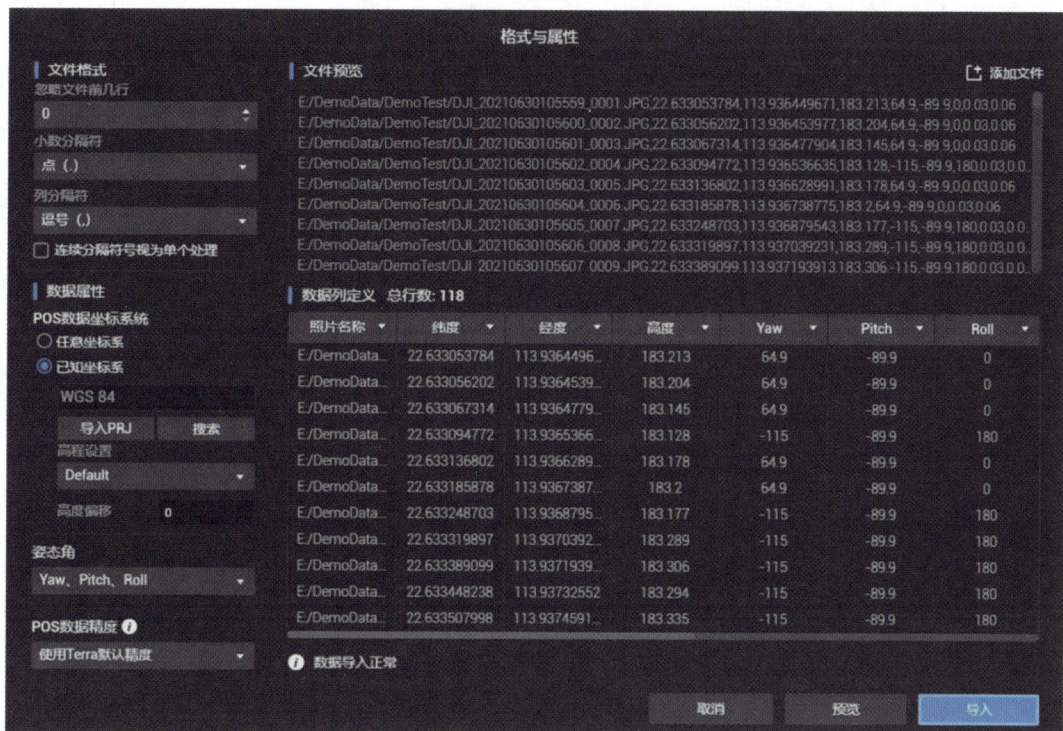

图 3-3-11　文件格式选项设置

(4) 在"数据属性"栏设置"POS 数据坐标系统"及"高程设置"。如果坐标系特殊，可选择任意坐标系。对于系统中没有的高程系统，可以将高程设置为 Default（椭球高）。

(5) "高度偏移"可整体增加或降低高度，小范围椭球高与海拔高的高程异常可视为固定值，可通过该参数的设置快速将椭球高调整为海拔高。

(6) "姿态角"可选择影像姿态信息，大疆智图支持 Yaw、Pitch、Roll 以及 Omega、Phi、Kappa 格式的姿态信息，如果没有姿态信息，可选择"无"。

(7) "POS 数据精度"可设置影像 POS 数据的精度，如选择"使用 Terra 默认精度"，大疆智图将根据影像的 XMP 信息自动判断每张照片是否为 RTK 状态采集的，如是，则默认水平精度为 0.03 m，垂直精度为 0.06 m；如不是，则默认水平精度为 2 m，垂直精度为 10 m。如果使用的是第三方相机，或导入 PPK 后差分结果，需自定义精度并定义数据列的精度选项。

(8) "数据列定义"可选择每列数据的对应项，然后单击下方"导入"按钮进行 POS 数据导入，如图 3-3-12 所示。

数据列定义 总行数：25

未定义	未定义	未定义	未定义	未定义	未定义	未定义
照片名称	纬度	经度	高度	Yaw	Pitch	Roll
100_0001_171	123.10[illegible]53535	31.7[illegible]8992	23.13423423	-179.9633456	-89.476576546	0
100_0001_172	123.10[illegible]89989	31.7[illegible]9223	23.36525445	-179.9663678	-89.637746546	0
100_0001_173	123.10[illegible]69989	31.7[illegible]6378	23.26243534	-179.9645676	-89.987976789	0
100_0001_174	123.10[illegible]59979	31.7[illegible]1232	23.56464565	-179.9879788	-89.768798546	0
100_0001_175	123.10[illegible]45346	31.7[illegible]9889	23.67648356	-179.5789868	-89.786586465	0
100_0001_176	123.10[illegible]98979	31.7[illegible]7782	23.13443545	-179.9885777	-89.989605456	0
100_0001_177	123.10[illegible]22424	31.7[illegible]9682	23.89876454	-179.9898599	-89.786965764	0

图 3-3-12 根据数据列定义导入 POS 数据

注意：

① 照片名称、纬度 (X/E)、经度 (Y/N)、高度 (Z/U) 为必选内容。

② 不可选择相同的数据列定义。

(9) 导入完成后，可在“影像 POS 数据”右侧单击“查看 POS 数据”按钮，检查 POS 数据是否正常导入，如图 3-3-13 所示。

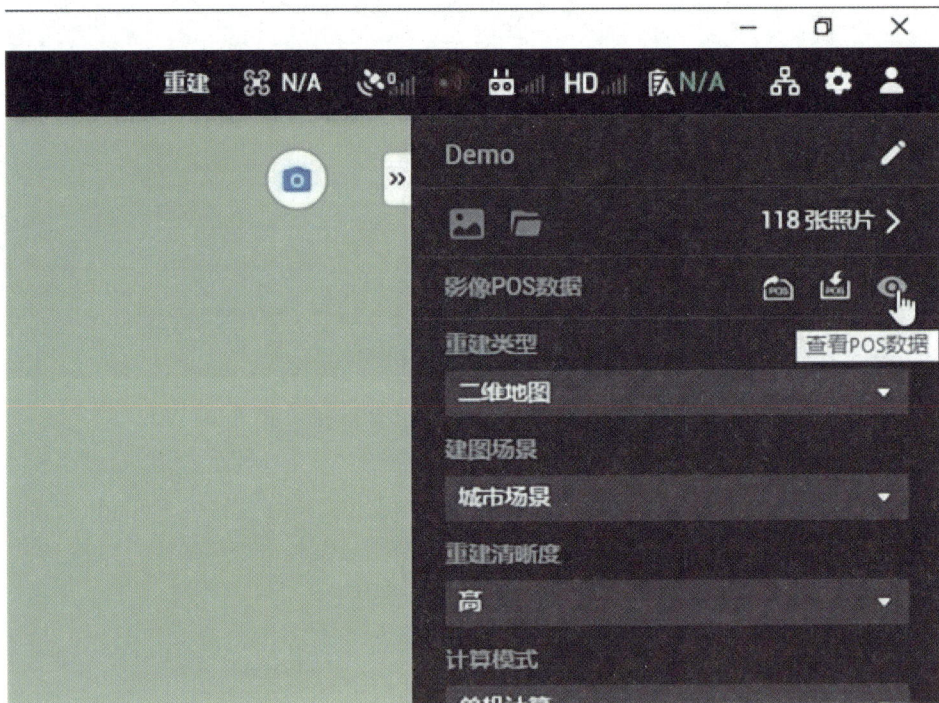

图 3-3-13 检查 POS 数据是否正常导入

(10) 确认无误后即可进行下一步操作。

5. 使用 PPK 解算文件

禅思 P1 以及其他第三方负载可使用第三方 PPK 解算软件进行解算，得到解算成果后，再使用 POS 导入功能。PPK 解算完成后，对固定解的影像可将 POS 水平精度设置为 0.03 m，垂直精度设置为 0.06 m，能大幅提升处理效率和精度。如不是固定解，可将水平精度设置为 2 m，垂直精度设置为 10 m。由于 M300 PSDK 未开放 PPK 源文件，M300 无人机挂载第三方 PSDK 负载暂不能使用 PPK 功能。禅思 P1 会存储 PPK 后处理所需的卫星观测源文件，再使用第三方 PPK 软件对禅思 P1 做 PPK 后差分。

6. 空三

空三即空中三角测量，是指摄影测量中利用影像与所摄目标之间的空间几何关系，在已知少量地面控制点的基础上，通过影像点与所摄物体之间的对应关系计算出相机成像时相机位置姿态及所摄目标的稀疏点云的过程。处理空三后，能快速判断原始数据的质量是否满足项目交付需求以及是否需要增删影像。二维重建和三维重建都必须先做空三处理，图 3-3-14 所示为空三参数设置界面。

空三的概念和特点

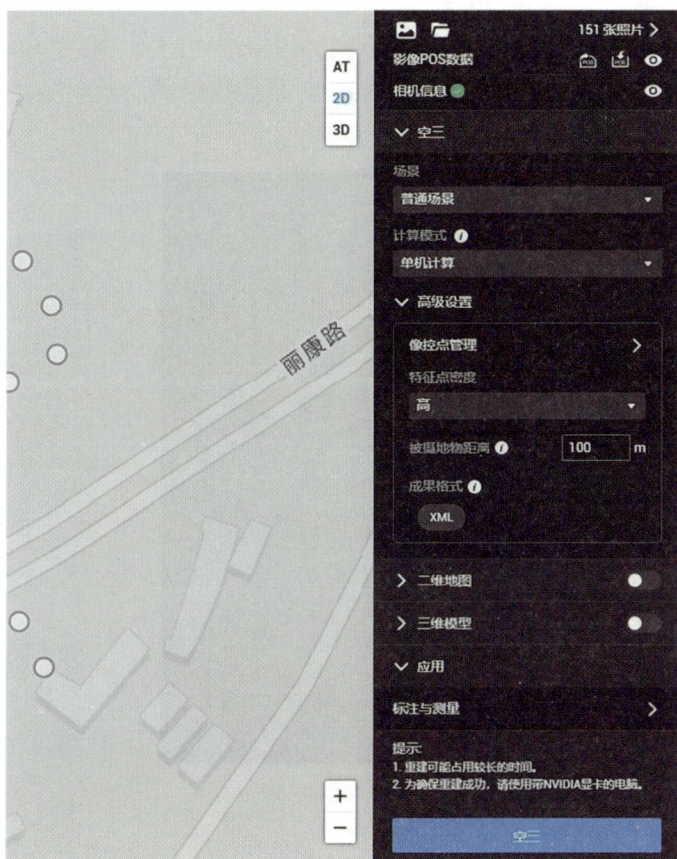

图 3-3-14　空三参数设置界面

空三参数设置如下：

1) 场景

不同的场景对应不同的匹配算法，可根据拍摄方式的不同选择合适的场景，具体包括如下场景：

普通：适用于绝大多数场景，包括倾斜摄影和正射拍摄场景。

环绕：适用于环绕拍摄的场景，主要针对细小垂直物体的重建，如基站、铁塔、风力发电机等。

电力线：适用于可见光相机 (如 P4R) 采用垂直于电线的 Z 字形拍摄电力线的场景。

2) 计算模式

如果电脑有集群权限，此处可选择单机计算或集群计算。如果电脑仅有单机权限，则看不到"计算模式"选项。

3) 高级设置

空三高级设置界面如图 3-3-15 所示，具体内容如下：

(1) 特征点密度。

高：单张影像提取较多的特征点，适用于对成果精度和效果要求较高的场景。

低：单张影像提取较少的特征点，适用于需要快速出图等场景。

(2) 被摄地物距离。

如果使用的是集群计算，则此处可以看到"被摄地物距离"设置项，表示采集数据时相机与被摄地物的距离，如有多个不同距离，则取最短距离。此参数用于指导空三分块，被摄地物距离越大，空三解算越慢。

图 3-3-15　空三高级设置界面

7. 像控点

像控点是在影像上能够清楚地辨别，且具有明显特征和地理坐标的地面标识点。可以通过 GPS、RTK、全站仪等测量技术获取像控点的地理坐标，然后通过软件刺像控点的方式将像控点与拍摄到该点的照片关联起来。像控点分为控制点和检查点，控制点用于优化空三的精度，可提升模型精度，也可实现地方坐标系或 1985 高程系统的转换。检查点用于检查空三的精度，可通过检查点来定量对精度做评价。在进行二维重建或三维重建时，用户可在添加影像后导入像控点，利用像控点提高空三的精度和鲁棒性、检查空三的精度以及将空三结果转换到指定的像控点坐标系下，提高重建结果的准确度。像控点形式样例如图 3-3-16 所示。

图 3-3-16　像控点形式样例

1) 像控点文件准备

(1) 使用像控点功能前，首先准备像控点文件，如图 3-3-17 所示。像控点文件中的信息应遵循每行从左至右分别为像控点名称、纬度 (X/E)、经度 (Y/N)、高程 (Z/U)、水平精度 (可选)、高程精度 (可选) 的顺序，各项之间用空格或制表符隔开。需要注意的是，如果是投影形式的像控点，X 指的是东方向的值，一般是 6 位数或 8 位数 (加带号)；Y 指的是北方向的值，一般是 7 位数，切记 X、Y 不要弄反了。

纬度	经度	高程
22.5 67203	114.00 729	38.85
22. 5226	114.00 206	39.08
22.5 18469	114.00 449	38.98
22.5 96214	114.00 063	39.1
22.5 61553	114.00 774	39.09

名称	X	Y
CT1	4936 4.0909	352 75.038
CT2	498 7.849	351 57.586
CT3	4946 8.2436	352 50.938
CP1	504 7.0318	352 87.766
CP2	506 5.3541	352 45.618

图 3-3-17　像控点文件中的信息

(2) 单击"像控点管理"进入像控点管理界面，界面主要包括像控点列表、像控点信息、照片库、空三视图、刺点视图。刺点视图在选择照片库中的影像后，将出现在空三视图，如图 3-3-18 所示。可在此页面添加像控点、刺点，进行空三解算及优化。

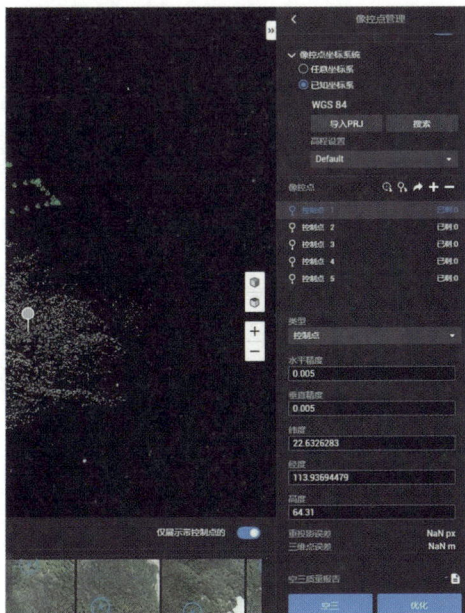

图 3-3-18　像控点管理界面

2）像控点导入

(1) 导入像控点文件前，请先选择像控点的坐标系统及高程系。如果 POS 高程为椭球高，像控点高程为 1985 国家高程基准，或者像控点使用的是地方坐标系，则应将坐标系选择为"任意坐标系"。

(2) 在像控点列表，单击"导入像控点文件"按钮，将像控点文件导入。如果是通过其他设备刺点，可以先将整个刺点文件导出，再通过"导入刺点文件"按钮导入 json 格式的刺点文件。

3）像控点编辑

(1) 如需添加或删除像控点，可单击像控点列表的"+"/"-"按钮进行操作，按住 Ctrl 键可选中多个像控点，按住 Shift 键可选中两次鼠标单击之间的所有控制点。

(2) 在像控点列表选中一个像控点，可在下方编辑该像控点信息，如设置像控点为控制点或检查点，编辑水平精度、垂直精度以及符合像控点坐标系的坐标值。

(3) 在进行刺点操作前，先单击"空三"按钮，对影像进行空三处理，处理完成后将在左侧区域显示空三解算结果，包括相机位姿和点云。

4）刺点优化

刺像控点是把外业采集像控点的地理坐标与拍到这个点的照片相关联的过程，无论是控制点还是检查点，要想起作用都需要做刺点操作。

(1) 在进行刺点操作前，建议先单击"空三"按钮，对影像进行空三处理，做完空三后像控点预测位置将更加准确。也可以不做空三，直接刺点，但这样像控点预测位置会不准确，需要多花时间查找点的位置。针对特殊的坐标系或使用了 1985 海拔高系统，刺点流程为空三—导入像控点文件—像控点坐标系统选择为已知坐标系—刺点—将坐标系调整为任意坐标系—优化。针对已知坐标系，且高程系统与无人机数据采集时一致，刺点流程为空三—导入像控点文件—像控点坐标系统选择为已知坐标系—刺点—打开影像 POS 约束—优化。

(2) 选中任一像控点，在照片库右方开启"仅展示带控制点的"选项，单击照片库中包含此像控点的某张影像，左侧区域将出现刺点视图，其上的蓝色准星表示所选像控点投影到此影像中的预测位置，如图 3-3-19 所示。

(3) 在刺点视图的影像上，按住鼠标左键可拖动影像，滑动滚轮可缩放影像。单击影像使用黄色准星进行刺点，标记像控点在影像上的实际位置。刺点在刺点视图和照片库缩略图中显示为绿色十字，同时照片库缩略图右上角将显示对勾标记，表示此为刺点影像。

(4) 单击刺点视图上方的"删除"图标，可删除该影像上的刺点信息。

(5) 对于同一像控点，在第 3 张影像刺点完成后，蓝色准星的预测位置会根据刺点位置变化实时更新，像控点信息下方的刺点"重投影误差"和"三维点误差"亦会更新。

(6) 重投影误差及三维点误差可用于判断刺点精度与原始 POS 精度的误差，依据误差不同，数字颜色会呈绿色、黄色、红色变化，如果刺完某张照片之后该误差突然变大，应核查是否刺错了位置。建议在一个测区使用至少 5 个分布均匀的控制点，单个控制点的刺点影像不少于 8 张（若为五镜头的数据，建议每个镜头的刺点影像不少于 5 张）；影像位置尽可能分散,且刺点点位避开影像边缘。当新加入照片的预测位置与实际位置基本一致时,则该像控点无须再刺点。

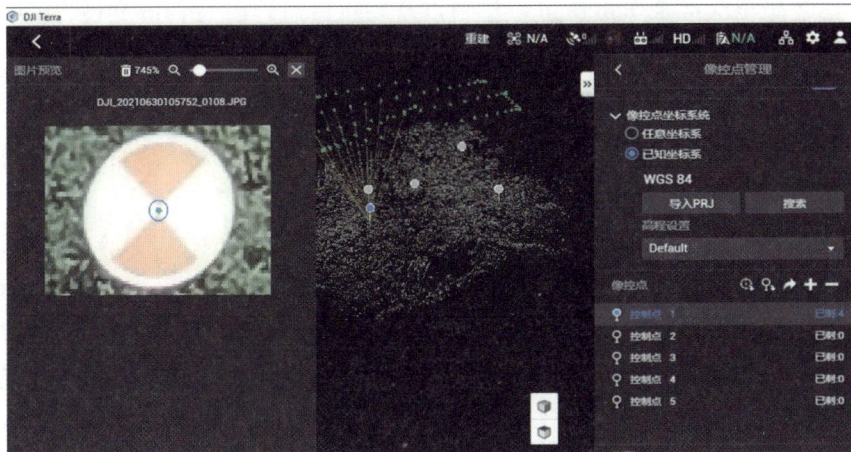

图 3-3-19 包含像控点的影像对应的刺点视图

(7) 如果开启"使用影像 POS 约束",则 RTK 照片初始 POS 的平面精度为 0.03 m,高程精度为 0.06 m,此初始 POS 会与像控点同时对空三起到约束的功能。

① 如果 POS 与像控点在同一个坐标系及高程系统下,建议打开"使用影像 POS 约束"按钮,这样可大幅提升重建效率和精度。

② 如果使用了地方坐标系或 1985 高程系统的像控点,建议像控点坐标系选择"任意坐标系",关闭"使用影像 POS 约束"按钮。

③ 如果使用地方坐标系且制作了地方坐标系的 PRJ 文件,采用导入 PRJ 形式定义像控点坐标系,建议关闭"使用影像 POS 约束"按钮。

(8) 所有像控点刺点完成后,单击"优化"按钮,进行空三优化解算,完成后将生成空三报告,如图 3-3-20 所示。左侧区域的空三也将更新为优化后的结果。空三报告中,重点关注控制点或检查点的误差及整体误差,如误差过大,则精度不合格,须对误差较大的点重新刺点或增加像控点数量。

像控点信息概览

地面检查点

名称	dx(米)	dy(米)	dz(米)
1	0.051165	0.003647	0.045461
2	0.047788	-0.003096	0.063930
3	0.042141	-0.007247	0.105185
4	0.022170	-0.001203	0.045899
5	0.007752	-0.000452	0.020029
6	0.021198	-0.001716	-0.032660
7	0.011155	0.000429	-0.043956
8	0.015570	0.007580	0.013435
9	0.010142	-0.002590	0.038509

检查点均方根误差

dx(米)	dy(米)	dz(米)
0.025454	-0.000516	0.028426

图3-3-20 空三报告中的像控点信息

(9) 选中像控点，可在下方的像控点信息查看优化后的重投影误差和三维点误差，亦可查看空三质量报告中的控制点 / 检查点的误差情况。

(10) 单击"导出像控点"按钮可将控制点及刺点信息导出为 json 文件，用于其他任务。

(11) 确认精度无误后，返回任务主界面进行下一步操作。

注意：大疆智图支持免像控数据处理，也可省去刺像控点步骤，直接单击"空三"，等待空三处理完成，单击"质量报告"，可查看空三成果质量。

8. 空三质量报告

空三质量报告如图 3-3-21 所示，可重点关注如下几个参数。

(1) 已校准影像：该值即成功参与空三计算的影像数，若校准影像数量少于导入影像数量，则说明部分影像无法参与空三计算，可能是这些影像拍摄区域全是无纹理或弱纹理的区域 (比如水、雪等)，也有可能是这些影像拍摄的区域与其他数据的拍摄角度、分辨率差异过大，如果因为此原因而导致成果部分缺失，则需要重新做外业补拍。

大疆智图空三质量报告

参数

参数	值
特征点密度	低
使用集群	否

影像信息概览

内容	值
影像数量	526
带位姿影像	526
已校准影像	526
影像POS约束	是
地理配准均方根误差	0.019 m
连通区域数量	1
最大连通区域影像数量	526
空三时间	3.052分钟

影像 RTK 状态

状态	影像数量
固定解	526
浮动解	0
单点解	0
无解	0

相机校准信息

相机型号 FC6310R

相机序列号 6538366823bfa73004f40001e9283dec

内容	焦距	Cx	Cy	K1	K2	K3	P1	P2
初始	3682.30	2423.08	1823.10	-0.26321300	0.11568700	-0.04491990	0.00107242	-0.00052538

内容	焦距	Cx	Cy	K1	K2	K3	P1	P2
优化	3674.57	2423.90	1827.96	-0.26619515	0.11029384	-0.03230476	0.00033355	-0.00043748

（实操）大疆智图空三及质量报告输出一

（实操）大疆智图空三及质量报告输出二

图 3-3-21　空三质量报告的信息

(2) 地理配准均方根误差：解算出来的影像位置与影像中记录的位置之间的均方根误差。该参数能体现出初始 POS 的相对精度，数值越小精度越高。

(3) 影像 RTK 状态：固定解的定位精度为厘米级，固定解影像的数量越多越好 (浮点解的定位精度为分米级，单点解的定位精度为米级，无解代表无 RTK 定位解算)。如果全部是固定解，则能保证在 POS 坐标系统下免像控精度达到厘米级。如果固定解只占一小部分，则成果绝对精度会较差，需要加适当的像控点才能确保较高的绝对精度。

(4) 相机校准信息：关注初始相机焦距、Cx、Cy 和空三优化后相机焦距、Cx、Cy 的对比，各项优化前后差异一般不超过 50 pixel，若优化前后差异较大，可按如下方法排查：

① 若焦距优化前后差异较大，且用于重建的影像是统一朝向的 (如全正射或全部朝向某

一建筑立面），则增加其他角度拍摄的影像，例如增加倾斜拍摄的影像）。

② 若 Cx、Cy 优化前后差异较大，检查采集的影像是否变换了传感器朝向（例如航测采集过程中无人机掉转机头采集数据）。

9. 二维重建

二维重建相关参数设置时，打开"二维地图"按钮，如图 3-3-22 所示。设置相关参数后，单击"开始重建"，即可进行二维重建。

（实操）大疆智图
二维重建

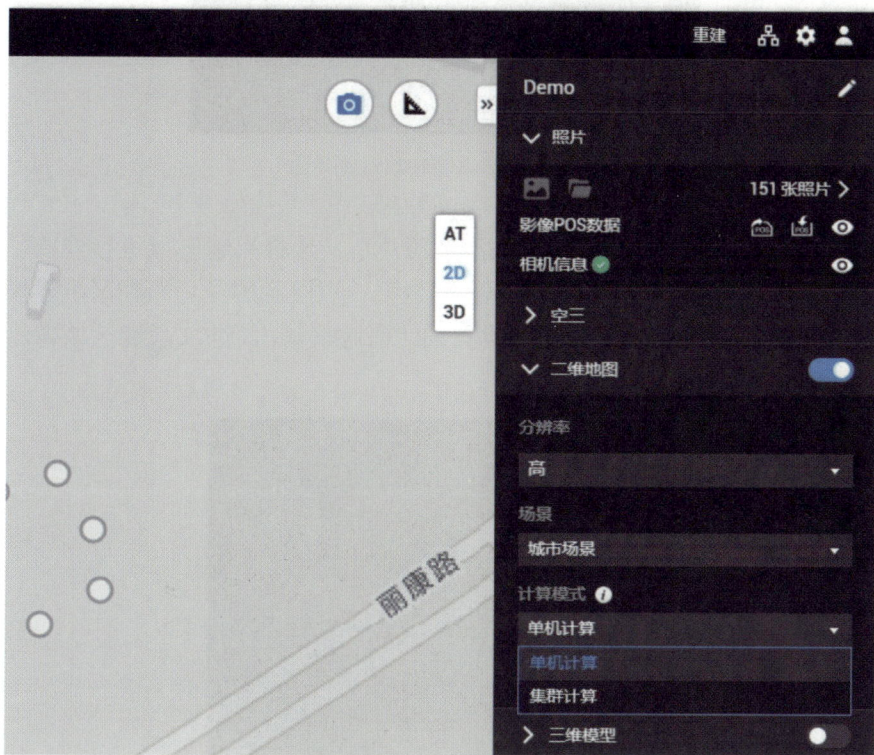

图 3-3-22　二维重建界面

1) 常规参数设置

(1) 选择重建分辨率："高"选项为原始分辨率，"中"选项为原始分辨率的 1/4（即图片长和宽均为原片的 1/2），"低"选项为原始分辨率的 1/9（即图片长和宽均为原片的 1/3）。例如：拍摄原片的分辨率为 6000×6000，高清晰度即为此分辨率，中清晰度则对应 3000×3000，低清晰度则对应 2000×2000。

(2) 选择建图场景：无论是城市还是农村，测绘作业都应选择城市场景。农田场景和果树场景是适配大疆农业植保机使用的。然而，当地形有起伏时，使用农田场景和果树场景进行三维重建或地图构建可能会面临挑战，如重建结果出现错位或拉花现象。

(3) 选择计算模式：若计算机有集群版权限，则可选择集群计算或单机计算进行重建；若只有单机版权限，则无此选项。集群重建相关设置详见《大疆智图操作白皮书》的集群重建章节。

常规设置界面如图 3-3-23 所示。

图 3-3-23　常规参数设置界面

2) 兴趣区域

在二维重建 / 三维重建时，用户可在添加照片后，选择兴趣区域进行建模，只生成兴趣区域内的建模成果，以节省建模时间，提高效率。需注意的是，兴趣区域建模需要在空三完成后进行。空三完成后，单击高级设置的“兴趣区域”，进入兴趣区域编辑界面，如图 3-3-24 所示。

图 3-3-24　兴趣区域编辑界面

(1) 定义兴趣区域：用户可通过以下 4 种方式定义需重建的兴趣区域。此处采用的坐标系与输出坐标系设置中的坐标系一致。定义兴趣区域界面如图 3-3-25 所示。

① 单击“导入 KML 文件”，将 KML 文件中的点转化为兴趣区域的边界点。

② 在文本框中输入兴趣区域的最小、最大的纬度、经度和高度，或 X、Y、Z 值，然后单击“应用”以确定兴趣区域。

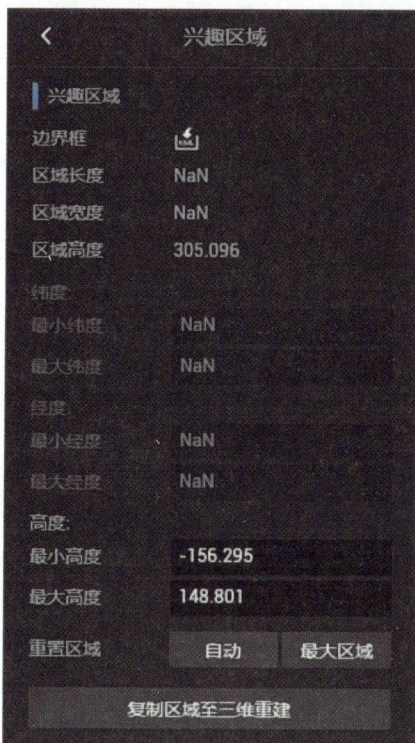

图 3-3-25 定义兴趣区域界面

③ 在"重置区域"的选项处,单击"自动"或"最大区域",软件将自动生成兴趣区域。自动选项是指按照空三点云分布自动计算合适的长方体区域。最大区域选项是指覆盖所有空三点云的长方体区域。

④ 单击屏幕上方的⬚进入编辑模式,然后单击地图上的位置手动添加兴趣区域的边界点;在高度文本框中输入高度值,以确定兴趣区域。

(2) 平移兴趣区域:单击✛进入平移模式,拖拽已定义的兴趣区域进行平移。

(3) 编辑兴趣区域:单击⬚进入编辑模式,单击地图上的位置添加兴趣区域边界点,拖拽边界点调整位置可以改变区域形状。选中边界点,然后单击🗑可删除边界点;单击◇可清除所有边界点;单击⊟退出编辑模式。

(4) 其他信息及设置:

① 当兴趣区域为长方体时,页面上方将显示区域长度、宽度及高度信息。

② 展示相机位置:展示 / 隐藏所添加照片的相机位置。

③ 展示区域:展示 / 隐藏已定义的兴趣区域。

④ 若同时进行二维和三维重建,可单击"复制区域至三维重建",将兴趣区域复制至三维重建中。

3) 输出坐标系

在二维重建和三维重建时,用户可在添加照片后设置输出坐标系。若照片不包含 POS 信息,则输出坐标系默认为"任意坐标系"。若已添加的照片包含 POS 信息,二维重建默认设置为该任务所处的 UTM 投影坐标系。需要注意的是，如果刺了像控点，则输出坐标系一定要与像控点坐标系保持一致，否则会出现成果与像控点坐标匹配不上的情况。也可自定义设置坐标系和高程。操作如下：

(1) 已知坐标系设置。

用户可通过导入 PRJ 文件和在大疆智图坐标系库中搜索两种方式设置已知坐标系。

导入 PRJ 文件方式：首先在 https://spatialreference.org 网站查询并下载需要的坐标系 .prj 文件，然后在大疆智图中单击"导入 PRJ"将其导入。如果是自定义坐标系，可再下载一个公开的 PRJ 文件，然后打开该文件，修改目标坐标系名称、七参数、目标椭球中央子午线、目标椭球东加常数、目标椭球北加常数等 5 个参数，如图 3-3-26 所示。

```
PROJCS["Sample",                          目标坐标系名称
    GEOCS["China Geodetic Coordinate System 2000",
        DATUM["China_2000",
            SPHEROID["CGCS2000", 6378137, 298.257222101,
                AUTHORITY["EPSG", "1024"]],
            TOWGS84[1, 2, 3, 4, 5, 6, 7],          七参数
            AUTHORITY["EPSG", "1043"]],
        PRIMEM["Greenwich", 0,
            AUTHORITY["EPSG", "8901"]],
        UNIT["degree", 0.0174532925199433,
            AUTHORITY["EPSG", "9122"]],
        AUTHORITY["EPSG", "4490"]],
    PROJECTION["Transverse_Mercator"],
    PARAMETER["latitude_of_origin", 0],
    PARAMETER["central_meridian", 120.666667],      目标椭球中央子午线
    PARAMETER["scale_factor", 1],
    PARAMETER["false_easting", 300000],            目标椭球东加常数
    PARAMETER["false_northing", -3000000],          目标椭球北加常数
    UNIT["metre", 1,|
        AUTHORITY["EPSG", "9001"]],
    AUTHORITY["EPSG", "4549"]]
```

图 3-3-26　自定义坐标系的参数设置

搜索方式：首先在大疆智图中单击"搜索"，输入坐标系名称或授权代号，选择对应的坐标系搜索结果，然后单击"应用"。国内常见的 CGCS2000 3 度带坐标系如图 3-3-27 所示，整理如下：EPSG 代号为 4513 ～ 4533 为含代号的 3 度带，此投影坐标系下的 X 值都会加上代号作为前缀，如 EPSG：4513 投影带所有的坐标中，X 都是 25 开头的，共 8 位；而 EPSG 代号为 4534 ～ 4554 为不含代号的 3 度带，此投影坐标系下的 X 值不会加上代号作为前缀。一般情况下，如果测区较大，涉及多个投影带，则会使用带代号的投影带 (EPSG：4513 ～ EPSG：4533)。如果测区较小，则使用不带代号的投影带 (EPSG：4534 ～ EPSG：4554)。这里的"带代号的投影带"是指具有特定编号 (或称为代码) 的地图投影方式，这些编号是由 EPSG(European Petroleum Survey Group，欧洲石油勘探组织) 制定的。具体来说，EPSG：4513 ～ EPSG：4533 是一系列地图投影方式的代号，它们指示了不同的投影方式和参数，以确保在大范围内进行地图制作和测量时不同部分的地图能够准确对接，减少因投影方式不一致而产生的误差。

EPSG	坐标系名称	经度最小	经度最大	中央经线
	国家2000的投影坐标系			
4513	CGCS2000 / 3-degree Gauss-Kruger zone 25	73.5	76.5	75
4514	CGCS2000 / 3-degree Gauss-Kruger zone 26	76.5	79.5	78
4515	CGCS2000 / 3-degree Gauss-Kruger zone 27	79.5	82.5	81
4516	CGCS2000 / 3-degree Gauss-Kruger zone 28	82.5	85.5	84
4517	CGCS2000 / 3-degree Gauss-Kruger zone 29	85.5	88.5	87
4518	CGCS2000 / 3-degree Gauss-Kruger zone 30	88.5	91.5	90
4519	CGCS2000 / 3-degree Gauss-Kruger zone 31	91.5	94.5	93
4520	CGCS2000 / 3-degree Gauss-Kruger zone 32	94.5	97.5	96
4521	CGCS2000 / 3-degree Gauss-Kruger zone 33	97.5	100.5	99
4522	CGCS2000 / 3-degree Gauss-Kruger zone 34	100.5	103.5	102
4523	CGCS2000 / 3-degree Gauss-Kruger zone 35	103.5	106.5	105
4524	CGCS2000 / 3-degree Gauss-Kruger zone 36	106.5	109.5	108
4525	CGCS2000 / 3-degree Gauss-Kruger zone 37	109.5	112.5	111
4526	CGCS2000 / 3-degree Gauss-Kruger zone 38	112.5	115.5	114
4527	CGCS2000 / 3-degree Gauss-Kruger zone 39	115.5	118.5	117
4528	CGCS2000 / 3-degree Gauss-Kruger zone 40	118.5	121.5	120
4529	CGCS2000 / 3-degree Gauss-Kruger zone 41	121.5	124.5	123
4530	CGCS2000 / 3-degree Gauss-Kruger zone 42	124.5	127.5	126
4531	CGCS2000 / 3-degree Gauss-Kruger zone 43	127.5	130.5	129
4532	CGCS2000 / 3-degree Gauss-Kruger zone 44	130.5	133.5	132
4533	CGCS2000 / 3-degree Gauss-Kruger zone 45	133.5	136.5	135
4534	CGCS2000 / 3-degree Gauss-Kruger CM 75E	73.5	76.5	75
4535	CGCS2000 / 3-degree Gauss-Kruger CM 78E	76.5	79.5	78
4536	CGCS2000 / 3-degree Gauss-Kruger CM 81E	79.5	82.5	81
4537	CGCS2000 / 3-degree Gauss-Kruger CM 84E	82.5	85.5	84
4538	CGCS2000 / 3-degree Gauss-Kruger CM 87E	85.5	88.5	87
4539	CGCS2000 / 3-degree Gauss-Kruger CM 90E	88.5	91.5	90
4540	CGCS2000 / 3-degree Gauss-Kruger CM 93E	91.5	94.5	93
4541	CGCS2000 / 3-degree Gauss-Kruger CM 96E	94.5	97.5	96
4542	CGCS2000 / 3-degree Gauss-Kruger CM 99E	97.5	100.5	99
4543	CGCS2000 / 3-degree Gauss-Kruger CM 102E	100.5	103.5	102
4544	CGCS2000 / 3-degree Gauss-Kruger CM 105E	103.5	106.5	105
4545	CGCS2000 / 3-degree Gauss-Kruger CM 108E	106.5	109.5	108
4546	CGCS2000 / 3-degree Gauss-Kruger CM 111E	109.5	112.5	111
4547	CGCS2000 / 3-degree Gauss-Kruger CM 114E	112.5	115.5	114
4548	CGCS2000 / 3-degree Gauss-Kruger CM 117E	115.5	118.5	117
4549	CGCS2000 / 3-degree Gauss-Kruger CM 120E	118.5	121.5	120
4550	CGCS2000 / 3-degree Gauss-Kruger CM 123E	121.5	124.5	123
4551	CGCS2000 / 3-degree Gauss-Kruger CM 126E	124.5	127.5	126
4552	CGCS2000 / 3-degree Gauss-Kruger CM 129E	127.5	130.5	129
4553	CGCS2000 / 3-degree Gauss-Kruger CM 132E	130.5	133.5	132
4554	CGCS2000 / 3-degree Gauss-Kruger CM 135E	133.5	136.5	135

图 3-3-27　国内常见的 CGCS2000 3 度带坐标系

(2) 高程设置。

大疆智图目前支持 Default(椭球高)、EGM96、EGM2008、NAVD88、NAVD88 (ftUS)、NAVD88(ft)、JGD2011(vertical) 等多种高程参考系统和模型。这些模型可以应用于不同的场景，如无人机导航、地图制作、地形分析等。具体介绍如下：

① Default(椭球高)：在这种模式下，通常基于一个椭球体模型来计算高度；高度是从椭球体的表面开始计算的，而非从地球的实际表面。

② EGM96：EGM96 是一个全球性的重力模型，它用于描述地球表面的重力场。这个模型可以用来计算地形高程和其他与重力有关的数据。

③ EGM2008：EGM2008 是中国自行研制的重力场模型，与 EGM96 类似，用于描述地球的重力场和计算高程等。

④ NAVD88：NAVD88 是美国国家垂直数据参考框架 (National Vertical Datum of 1988) 的缩写，是一个高程参考系统，用于确定美国和其他地方的高程数据。

⑤ NAVD88(ftUS)：它是 NAVD88 的一个变种，但是以英尺为单位来表示的，而不是以米为单位。

⑥ NAVD88(ft)：它同样是 NAVD88 的一个变种，也是以英尺为单位，但与 NAVD88(ftUS) 是不同的标准。

⑦ JGD2011(vertical)：它是日本大地坐标系 2011 年版本 (Japan Geodetic Datum 2011) 的垂直参考系统，用于描述日本地区高程的参考框架。

4) 分幅输出

当原始影像数据过大时，生产的二维 DOM/DSM tif 图数据量较大，导入第三方软件时可能出现无法加载或加载较慢的情况，此时建议使用分幅输出功能，将一个大的 tif 文件规则地裁切成若干个小的 tif 文件。具体操作步骤如下：

打开"分幅输出"按钮，以像素为单位，设置最大切块边长，在此该值设为 5000px，如图 3-3-28 所示。

图 3-3-28　"分幅输出"设置

软件将会对 DOM/DSM 成果进行分块裁切，如图 3-3-29 所示。

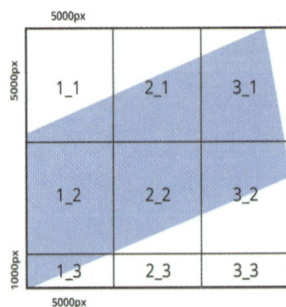

图 3-3-29　对 DOM、DSM 成果进行裁切

注意：

(1) 分幅输出的成果图不会替换原来的 DOM 或 DSM 大图，两者并存；

(2) 成果图存放在对应任务的成果文件夹下：任务名称 \map\dsm_tiles 和任务名称 \map\result_tiles；

(3) 分幅输出的切块边长最小值为 1000px；

(4) 成果图文件尺寸大于 4GB 会带 BigTIFF 参数，小于 4GB 则无 (部分第三方软件不支持 BigTIFF 图片，则应将分块边长设置小一些)。

5) 二维地图文件格式以及储存路径

二维地图文件默认存储在以下路径：C:\Users\< 计算机用户名 >\Documents\DJI\DJITerra\<DJI 账号名 >\< 任务名称 >\map\。

用户可在设置中更改缓存目录，亦可在重建界面使用快捷键 Ctrl+Alt+F 打开当前所在任务的文件夹，如图 3-3-30 所示。

名称	日期	类型	大小
12	2022/1/13 18:02	文件夹	
13	2022/1/13 18:02	文件夹	
14	2022/1/13 18:02	文件夹	
15	2022/1/13 18:02	文件夹	
16	2022/1/13 18:02	文件夹	
17	2022/1/13 18:02	文件夹	
18	2022/1/13 18:02	文件夹	
19	2022/1/13 18:02	文件夹	
20	2022/1/13 18:02	文件夹	
21	2022/1/13 18:02	文件夹	
dsm_tiles	2022/1/13 18:03	文件夹	
report	2022/1/13 18:03	文件夹	
result_tiles	2022/1/13 18:03	文件夹	
dsm.prj	2022/1/13 18:02	PRJ 文件	1 KB
dsm.tfw	2022/1/13 18:02	TFW 文件	1 KB
dsm	2022/1/13 18:02	TIF 文件	328,640 KB
gsddsm.tfw	2022/1/13 18:03	TFW 文件	1 KB
gsddsm	2022/1/13 18:03	TIF 文件	146 KB
result.prj	2022/1/13 18:03	PRJ 文件	1 KB
result.tfw	2022/1/13 18:02	TFW 文件	1 KB
result	2022/1/13 18:03	TIF 文件	1,014,256...
SDK_Log	2022/1/13 18:03	文本文档	367 KB

图 3-3-30　二维地图成果文件夹

成果文件要重点关注：

(1) result.tif：正射影像成果文件 (DOM)，二维重建最主要的成果。

(2) dsm.tif：数字表面模型，任务区域的高程文件 (DSM)，每个像素均包含经纬度和高程。

(3) gsddsm.tif：采样分辨率为 5 m 的 dsm，可在 M300 或 P4R 仿地飞行时导入使用。

(4) 数字文件夹 (如 12 ～ 21)：地图瓦片数据，用于在大疆智图中展示二维模型，瓦片分级标准与谷歌瓦片分级保持一致。地图瓦片为标准瓦片，如果第三方平台需要调用，可根据瓦片调用规范直接调用即可。

(5) result_tiles 文件夹：开启分幅输出后，正射影像分幅裁切结果存放在此文件夹。

(6) dsm_tiles 文件夹：开启分幅输出后，高程文件分幅裁切结果存放在此文件夹。

成果文件夹中还有一个 .temp 文件夹，体积一般比较大，该文件夹存放的是模型重建过程中的中间文件。如果处于重建过程中或重建完成后，还想要做新增格式、修改坐标系等额外操作，则需保留该中间文件夹。如果重建完成后不需要做其他操作，可手动删除该文件夹以释放磁盘空间。

6) 二维质量报告

模型重建完成后，可单击"质量报告"查看整体情况，可从报告中查看成果分辨率、覆盖面积、重建时间等。需要注意的是，整个二维重建时间是指空三、影像去畸变及匀色、稠密化、真正射影像生成这 4 个步骤的时间之和。二维质量报告如图 3-3-31 所示。

影像信息概览

内容	值
影像数量	109
带位姿影像	109
已校准影像	109
影像POS约束	是
地理配准均方根误差	0.757 m
连通区域数量	1
最大连通区域影像数量	109
空三时间	0.289分钟

地图信息概览

内容	值
真正射影像地面采样距离	0.034 m
覆盖面积	0.004403 km^2
平均飞行高度	50.102 m

性能概览

阶段	时间
影像去畸变及匀色	0.048分钟
稠密化	0.202分钟
真正射影像生成	0.111分钟

图 3-3-31　二维质量报告

10. 三维重建

打开"三维重建"按钮，设置相关参数，如图 3-3-32 所示。设置相关参数后，单击"开始重建"，即可进行三维重建。

图 3-3-32　三维重建相关参数设置界面

（实操）大疆智图
三维重建

1) 相关参数设置

(1) 选择重建分辨率。

"高"为原始分辨率，"中"为原始分辨率的 1/4(即图片长和宽均为原片的 1/2)，"低"为原始分辨率的 1/16(即图片长和宽均为原片的 1/4)。

(2) 选择合适的建图场景。

普通：适用于绝大多数场景，包括倾斜拍摄和正射拍摄的场景。

环绕：适用于环绕拍摄的场景，主要针对细小垂直物体的重建，如基站、铁塔、风力发电机等。

电力线：适用于可见光拍摄电力线且只想要重建电力线点云的场景。注意电力线场景只生成点云，不生成三维模型。且电力线场景仅对电力版和集群版开放。

(3) 选择计算模式。

若使用集群版，则可选择集群计算进行重建，能大幅提升效率和处理规模。集群重建相关设置详见《大疆智图白皮书》的集群重建章节。若只有单机版权限，则无此选项。

2) 成果格式

大疆智图输出的三维成果包括点云和模型，分别具有以下格式：

(1) 点云。

PNTS 格式：一种 LOD 点云格式。LOD(Level Of Detail) 即多层次细节模型，以金字塔形式存储模型，会将模型用若干很小的瓦片进行存储。LOD 通常用于 3D 图形中，表示在不同距离或视角下显示的模型的细节程度。PNTS 格式的点云数据可以根据需要显示不同的细节级别，适合在 Cesium 平台上显示或处理，与 Cesium 有很好的兼容性。Cesium 是一种流行的 3D 地球和地图可视化框架，通常用于 Web 应用程序。PNTS 格式为大疆智图默认生成格式，且可在大疆智图上显示。

LAS 格式：ASPRS(American Society for Photogrammetry and Remote Sensing，美国摄影测量与遥感学会) 为激光雷达数据制定的一种标准文件格式，是一种用于存储激光雷达数据的开放式文件格式，特别适用于三维点云数据的存储和交换。LAS 格式 V1.2 版本是一种功能强大、灵活多变的三维点云数据格式，在细节上有了更多的优化和完善。它不仅能够精确地存储和表示三维空间中的离散点集，还支持数据的压缩、交换和共享，为各个领域的三维空间信息应用提供了坚实的基础。

S3MB 格式：超图 LOD 点云格式。

PLY 格式：非 LOD 点云格式。

PCD 格式：非 LOD 点云格式。

(2) 模型。

B3DM 格式：默认生成格式，以在大疆智图显示 (LOD 模型格式，适合在 Cesium 中显示)。

OSGB 格式：LOD 模型格式。

PLY 格式：非 LOD 模型格式。

OBJ 格式：非 LOD 模型格式。

S3MB 格式：超图 LOD 模型格式。

I3S 格式：LOD 模型格式。

3) 三维重建文件格式以及储存路径

如图 3-3-33 所示，三维重建结果文件默认存储在 C:\Users\< 计算机用户名 >\Documents\DJI\DJITerra\<DJI 账号名 >\< 任务名称 >\models\pc\0，可在设置中更改缓存目录，也可在重建页面使用快捷键 Ctrl+Alt+F 打开当前任务的文件夹。

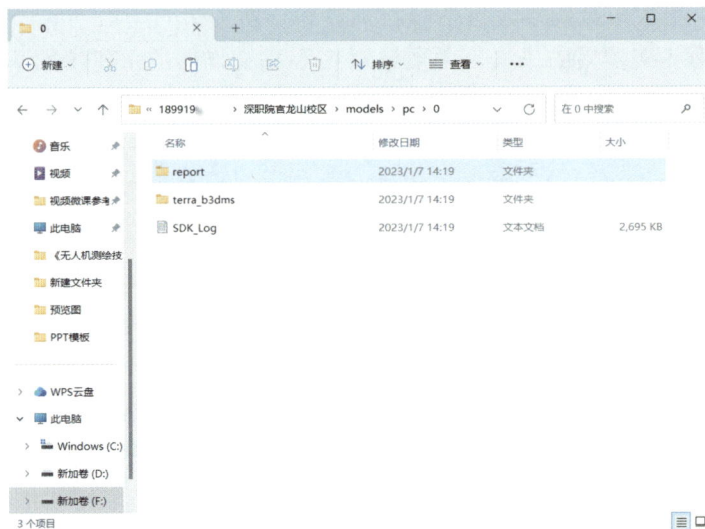

图 3-3-33　三维重建结果文件格式以及储存路径

对于勾选了的格式，一般在成果文件夹中就会以 terra_XXX(XXX 表示模型格式）命名一个文件夹来存放该格式的成果，如 terra_osgbs 文件夹存放的是 OSGB 格式的三维模型。

成果文件夹中还会有一个 .temp 文件夹，体积较大，该文件夹存放的是模型重建过程中的中间文件。如果处于重建过程中或重建完成后，还想要做新增格式、修改坐标系等额外操作，则需保留该中间文件。如果重建完成后不需要做其他操作，则可以手动删除该文件夹以释放磁盘空间，不会对成果产生影响。

4) 三维质量报告

模型重建完成后，可单击“质量报告”查看整体情况，可从报告中查看模型重建各项参数的设置信息。需要注意的是，三维重建包括空三和 MVS(Multiple View Stereo，多目立体视觉）两大步骤，如果要统计三维建模的时间，需要把空三时间和 MVS 时间相加，如图 3-3-34 所示。

影像信息概览

内容	值
影像数量	109
带位姿影像	109
已校准影像	109
影像POS约束	是
地理配准均方根误差	0.757 m
连通区域数量	1
最大连通区域影像数量	109
空三时间	0.289分钟

大疆智图三维重建质量报告

参数

参数	值
重建场景	普通
分辨率	高
使用集群	否
水面平整	否

成果

成果列表
XML 文件
B3DM 文件

性能概览

内容	值
MVS分块模式	自动
MVS分块数量	1
MVS时间	1.552分钟

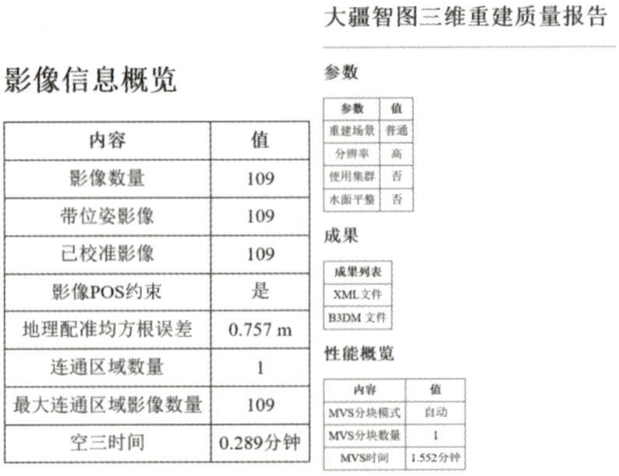

图 3-3-34　三维质量报告

三、基于三维模型的数字线划图生产

线划图 DLG 生产是众多测绘工作的最重要一步，是外业测绘的最终成果之一。大疆智图生成的二/三维成果，已与现在主流的线划图软件打通。需要注意的是，大部分线划图软件的老版本不支持大疆智图模型成果导入，使用时要将第三方软件升级至不低于以下示例的版本。这里以清华山维 EPS V6.0 为例，讲解如何将大疆智图生产的模型成果导入 EPS 做线划图生产。

1. 技术方法及流程

数字线划图产品主要是基于地图模型的拓扑，它是在一体化的生产平台上进行数据的生产，最后得到所需的空间和地图数据。本次线划图的采集方式基于两种不同的模型，一种是垂直摄影三维测图，另一种是倾斜摄影三维测图，两种方式数据采集方式相同，只有模型生成及加载不同。首先利用清华山维 EPS 三维测图系统进行叠加生产垂直摄影三维模型、倾斜摄影三维模型；然后在二维、三维联动模式下进行直观的数据采集，这种测图模式也可称为"裸眼 3D"模式；最后根据作业实际情况进行模板定制，并根据生产质量标准进行地物采集，对成果进行检测，若满足要求则进行成果输出。具体流程如图 3-3-35 所示。

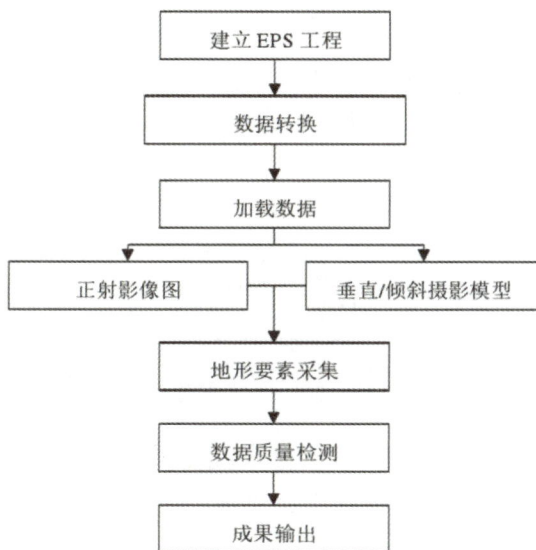

图 3-3-35　内业 DLG 工作具体流程

（实操）基于三维模型的数字线划图生产一

基于三维模型的数字线划图生产二

2. 采集标准

按照《城市测量规范》(CJJ/T 8—2011) 要求，测区数据采集内容应包含测量控制点、水系、居民地及设施、交通、管线、境界、地貌、植被与土质等要素，并应着重表示与城市规划、建设有关的各项要素，地物、地貌的各项要素的表示方法和取舍原则，按现行国家标准地形图图式执行。

3. 精度指标

对于线划图采集，成果应符合数字线划图生产的精度指标，并与实验要求一致。精度指标主要包括位置精度、属性精度和逻辑一致性三方面要求。

1) 位置精度

在位置精度中，平面位置精度要求图上地物点对检查点的平面位置中误差不大于30 cm，高程注记点对检查点的高程中误差不大于20 cm，等高线对邻近野外控制点的高程中误差不大于25 cm。

2) 属性精度

在线划图中，属性一般指现实地物的名称、分类代码、长度等。而这些属性数据在生产中需要满足一定要求才可保证其完整性，其中分类代码应统一采用《基础地理信息分类与代码》(GB/T 13923—2006) 的规定，数据分层及其名称、属性表结构、属性项的内容名称及值域等相关定义应符合《基础地理信息要素数据字典第 1 部分》(GB/T 20258.1—2007) 的要求。

3) 逻辑一致性

逻辑一致性指数据在数据结构、数据格式和属性编码正确性方面，尤其是拓扑关系上的一致性。线划图采集的要素应满足要素点、线、面等的表示方式及其关系应正确，面要素应闭合且具有唯一性，要素应最小冗余表示且综合取舍正确，数据结构及存储格式符合要求。

4. 建立 EPS 工程

利用 EPS 新建工程前，需要根据采集的数据定制模板，使数据规范化，模板一般由专业人员进行定制。由于数据源为倾斜摄影测量成果，须加载倾斜摄影三维测图模块及三维浏览模块。在模板及工作台面确定后，进入工作界面，如图 3-3-36 所示。

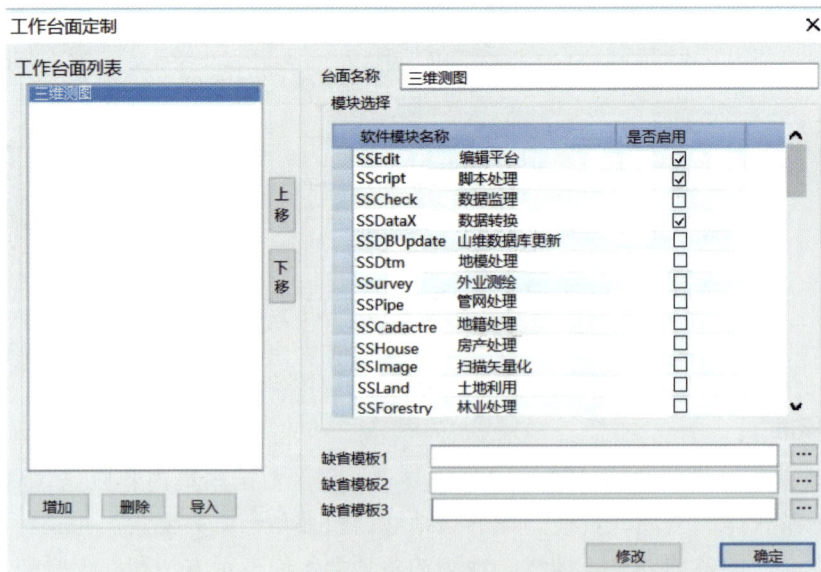

图 3-3-36　工作台面定制界面

5. 基于 osgb 三维测图的模型生成及加载

倾斜摄影三维测图的模型生成及加载是基于数据成果实景三维模型进行数据采集，需要准备倾斜摄影测量数据处理成果瓦片数据和相关元数据 metsdata.xml 文件。首先，利用 EPS 三维测图模块进行 osgb 数据转换，生成 DSM 格式文件，DSM 格式文件位于源数据 Data 文件夹目录内。然后加载本地倾斜模型，即刚刚生成的 DSM 格式文件，通过实景三维模型进行测图即可。如需二维影像，可在输出成果中同时选择输出正射影像图，通过加载超大影像即可。倾斜模型加载后的视图如图 3-3-37 所示。具体步骤如下：

(1) 数据准备：大疆智图三维重建时，勾选 osgb。在成果工程文件夹下，找到 terra_osgbs 文件夹，这是后续要用到的原始数据。

(2) 模型转换：打开 EPS 软件，单击"三维测图"→"osgb 数据转换"，在弹出的对话框中选择上述的 terra_osgbs 文件夹，原数据选择"metadata.xml"文件，单击"确定"进行转换，转换后会在原始路径下生成 terra_osgb.dsm 文件。

(3) 数据导入：单击"三维测图"→"加载本地倾斜模型"，选择并打开 terra_osgb.dsm 文件，浏览由三维模型生成的垂直模型，就可以基于此成果进行线划图生产等操作。

图 3-3-37　倾斜模型加载后的视图

6. 地形要素采集

在 EPS 软件编辑处理中自定义了快捷键，对生产中常用的回退、属性提取等功能都设置了便捷操作，如绘制过程中 X 键为回退到前一点，Z 键为换方向继续绘制等。同时，编码选择和编码查询窗口提供地物要素的分类代码的快速查询和选择功能。赋予地物要素属性编码时，在对地物要素进行有针对性分类的基础上，可自定义设置地物要素编码，将常用的地物要素编码输入到快捷面板中，以方便选择。常见要素采集需要注意的问题如下：

无人机测绘
地物采集要点

1) 房屋及其附属设施

房屋应逐个表示，不进行综合取舍。房屋采集一律采集外边线，在空间上高低不一致的房屋应分别采集，对明显分栋的房屋应分开采集。每个房屋在房顶采集一个高程注记，以便外业调绘楼层使用，宽度大于 0.5 mm 的围墙依比例表示，小于 0.5 mm 的围墙

用 0.5 mm 符号表示。

2) 道路交通

城市道路边线、隔离带用街道线采集。道路采集时应分段以平均宽度进行采集。

3) 管线

要求准确反映管线类别。电力线、通信线应全部表示，电杆、电杆架、铁塔、路灯、检修井位置应准确采集。

4) 水系

沟渠图上宽度大于 1 mm 的用双线表示，小于 1 mm 的用单线表示；双线水渠按渠内侧上边沿采集。

5) 地貌

对于建筑密集区，不做等高线的绘制。

6) 高程注记点

在密度图上每 100 cm² 选注 5 ～ 20 个高程注记点，点位应选在明显地物及地形特征点上，建筑区高程注记点应注于地形变换点处和独立地物根部。

7) 植被

城区内包含的公园等图上面积大于 1 cm² 的需表示。

8) 模型上无法判定其性质的地物

对于模型上无法判定其性质的地物，应依据其轮廓范围线采集，其他因遮挡无法采集完整的地物，分别加注"定位""定性""遮挡"，待外业解决。

利用 EPS 软件通过实景模型进行要素采集时，相对于垂直模型对地物的判读更加准确，且采集更加方便。需要注意，在模型生产过程中，建筑边缘及树木等对周边的遮盖，会有一定的高程误差，因此在实际采集过程中应多采用三维视角进行地物的判断，尽量在三维视角下进行采集。

7. 数据质量检测

数据采集完毕后，需要进行数据合法性检查及质量检查。数据合法性检查是利用软件的数据检查方法来监管质量，通过统计分析和逻辑分析检查数据中存在的错误，并提供适当的编辑方式加以改正。在地理系统中，描述地理要素和地理现象的空间数据，主要包括空间位置、拓扑关系和属性数据三方面的内容。

EPS 软件的数据合法性检查中提供的检查条目较多，根据工程类型如地形检查、地籍检查等进行检查方案的选择。当执行数据合法性检查后，软件的输出窗口会输出检查结果，罗列了每个检查组里每个检查项内容包含的每条错误记录。选择错误记录，可进行定位并根据提示进行修改。修改完毕后，可再次进行检查，检查合格后，再进行数据导出等操作。

数字线划图需要进行质量检查的环节包括数据、图面、接边等的质量检查，其中数据质量检查就检查其数据的完整性和统一性，涉及数据格式、要素图层、要素属性编码及其与属性类型的合理关系、各类标注名称的注记及其编码、颜色和字级等。图面质量的检查主要涉及符号之间的遮盖问题、各地物要素间位置关系以及所打印出来的符号化的数字线划图数据与调绘片内容的符合问题等。接边的质量检查主要针对图幅之间的接边，需要检查其数据属性的一致性、编码的一致性以及这两个方面表示的正确性。

8. 成果输出

由于生产单位的用途不同，对 DLG 成图的数据格式要求也不同，但大多单位使用 CASS 软件进行绘图，需要的数据格式主要为 DWG 格式。而 EPS 软件所保存的工程文件为 EDB 格式，因此涉及数据格式的转换。EPS 通过软件功能及模板支持，可进行多种数据双向对照转换输出，如 DWG、SHP、VCT、DGN、MIF、E00 等格式的数据。其中输出有两种方式：一是常规输出，通过菜单文件下的输入输出功能选择输出格式，并根据提示进行选择输出参数的设置，如选择是否进行打散输出、是否按模板的设置输出或分层输出；二是标准输出，这种输出方式需要先定制需求对照方案，方案参数主要包含输出格式的分层、分类、属性和符号表达方式等标准。同一属性地物在两种软件中的编码不同，在转换时需根据对应编码进行转换，也可根据实际情况进行添加或修改编码。

9. EPS 输出 DWG 格式的问题及解决方案

当将 EPS 数据转换为 DWG 时，存在填充面转换为 DWG 格式时属性丢失、高程点注记与点位分离的问题。以下针对这两个问题进行分析，阐述其产生的原因，并根据实践经验给出解决方案。

1) EPS 中填充面转换为 DWG 格式时属性丢失

当 EPS 中填充面转换为 DWG 格式时，它包括面边界的转换和面填充的转换。有些面可能不需要填充，比如居民楼；而有些地物需要进行填充，比如人工绿地、花圃等。前者只需输出面的边界即可，后者不但要将面边界转换为 DWG 中相应的闭合式复合多段线，还要根据相应的符号对照表对 DWG 中闭合复合多段线进行填充。但实际操作中，填充面的转换并不理想，经实践分析存在以下现象：一是只转换出填充物符号，且符号呈分散现象；二是只能转换出面的边界。但在 DWG 格式中，符号和边界两者为一个图块，并且是相关的。这一现象的主要原因是模板定制方面还不够完善，对构成实体在转出时进行了分散化，如图 3-3-38 所示。

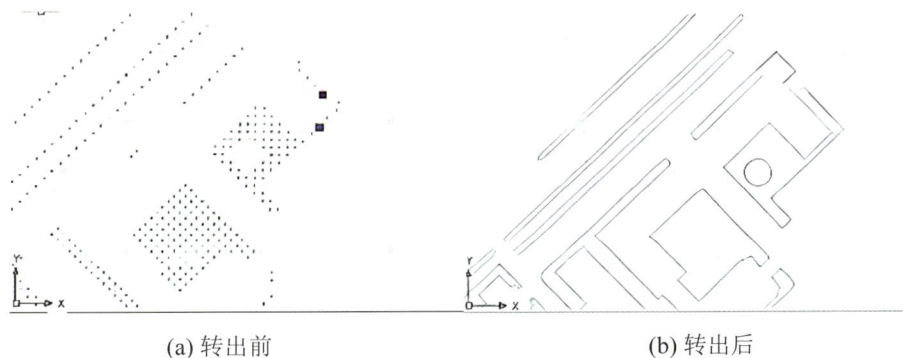

(a) 转出前　　　　　　　　　　　(b) 转出后

图 3-3-38　构成实体在转出时被分散化

解决方案按照图 3-3-39 所示路线图进行，具体操作如下：

(1) 分析所有填充面是否存在孤岛，若存在孤岛，需要对其进行整体分割，因为在 CASS 中，孤岛会同时被填充，造成面重叠的现象。

(2) 利用 EPS 的输入输出功能，选择输出 DWG 格式文件。在输出参数中，对输出使用编码对照表名称、符号描述名称及注记分类表名称的选择根据实际模板表的定制进行，并且对输出的图形进行折线化处理。

(3) 在 CASS 软件中打开相应的面边界数据，利用地物匹配功能，选择相应的地物属性，对数据进行批量填充，并打开编组选择，使填充物与边界进行关联。

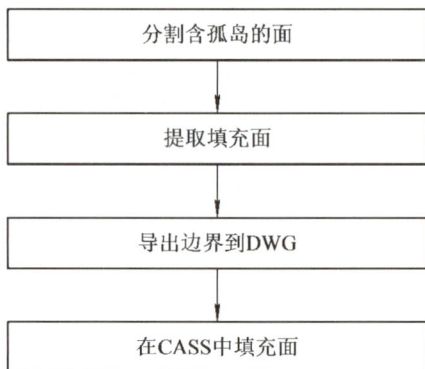

分割含孤岛的面

↓

提取填充面

↓

导出边界到DWG

↓

在CASS中填充面

图 3-3-39　填充面转换为 DWG 格式时属性丢失的解决技术路线图

2) EPS 中高程点转换为 DWG 格式注记分离

高程点在转出为 DWG 时，其点位与注记分离并且不在同一图层。而正常情况下，在 CASS 中其点位与注记应当互相关联，且同属一个图层。出现这一现象是因为，在 EPS 中高程点属性包含 2 个高程值，一个为点位图上注记，一个为坐标 Z 值。在利用 EPS 的转换机制进行转出时，二者同时转出，图上注记不带属性转出，而高程点对应转出为 DWG 中的 GCD(高程点图层)。

解决方案步骤如下：

(1) 在 EPS 工作空间中，选中高程点图层所有要素，将所有高程点单独放到一个工程中。

(2) 按上文导出方式进行导出，转换为 DWG。

(3) 在 CASS 中，进行地物编辑并重新构成高程点，并重新生成符合要求的注记。

(4) 将高程点与其他图层要素进行合并。

四、无人机航测倾斜摄影数据处理成果核验

倾斜摄影数据处理成果的质量检查验收，一般是质检人员在掌握相关业务技能，熟悉相关技术指标的基础上进行的，实际操作中并没有统一的量化标准，只能根据错漏个数大致给出评价。现对近年来倾斜摄影数据处理成果的经验进行总结，参考各类测绘标准确定审验标准，对各种类型的错漏个数进行统计计算，得到每个审验单元的具体分数，并给出相应的质量等级评价。关于无人机航测倾斜摄影数据处理成果核验的具体内容可参照无人机航测正射影像数据处理成果核验的相关章节，在此不再进行讲解。

任务四　无人机激光点云数据处理

激光点云数据处理流程包括点云预处理、点云数据分类和激光雷达点云处理三部分，如图 3-4-1 所示。

激光点云数据
预处理及分类

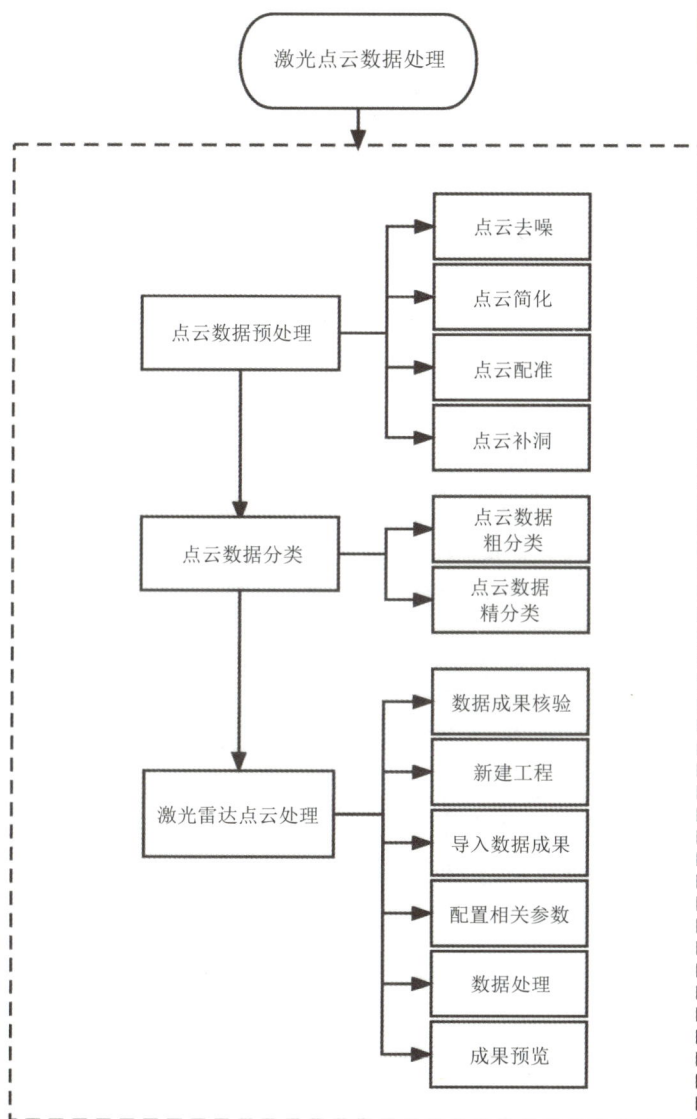

激光点云数据处理

点云数据预处理
- 点云去噪
- 点云简化
- 点云配准
- 点云补洞

点云数据分类
- 点云数据粗分类
- 点云数据精分类

激光雷达点云处理
- 数据成果核验
- 新建工程
- 导入数据成果
- 配置相关参数
- 数据处理
- 成果预览

图 3-4-1　激光点云数据处理流程

一、点云数据预处理

激光雷达获取的是一系列空间分布不规则且具有三维坐标值的离散点，无法直接进行 DEM 生产。因此，首先要对点云数据进行预处理。点云数据预处理涉及点云去噪声、点云简化、点云配准以及点云补洞等内容。通过数据预处理，可以有效剔除点云中的噪声和外点，在保持几何特征的基础上实现点云数据简化，并将不同角度扫描的点云统一到同一坐标系下，为后续的曲面构建及三维实体模型生成提供稳健的数据基础。预处理完成后质检部门要及时跟进，做好过程检查，及时发现并解决问题，杜绝出现顶层错误。

1. 点云去噪

点云数据模型中的噪声通常分为客观噪声和主观噪声两大类，客观噪声是由物理测量产生的误差引起的，主观噪声则是由扫描现场无关物干扰引起的。不同的噪声类型所采用的去噪方法也不同。客观噪声的消除通常采用去噪算法实现。主观噪声通常是为了扩大被测物的扫描范围所引起的，通常表现为大片的点云，可借助三维模型处理软件对其进行手动消除。

2. 点云简化

通常三维扫描设备获取的点云数据模型的数据量都很大，数据点较为密集，对其存储、传输和计算均不利，因此有必要对其进行简化，并在精简数据的同时有效保持点云的尖锐特征。点云简化的方法主要分成根据点云简化密度和曲面变分进行简化，根据点云中点的数目和点云表面变化系数对点云进行分块简化，根据点云中点的曲率值大小进行简化，采用聚类算法完成点云数据简化四类。不管采用哪种简化方法，点云简化要求点云模型中曲率较大的地方应尽量保留较多的数据点，点云模型中曲率较小的地方可以保留较少的数据点。

3. 点云配准

采用三维激光扫描设备获取被测物的点云数据模型，通常一次扫描很难获取整个物体的完整点云数据信息，因此需要对同一物体在不同坐标系下进行不同方位下的多次扫描，并对多次扫描的结果进行配准，从而获得整个物体的完整点云数据模型。点云配准就是将同一物体在不同方位下测得的点云数据模型统一到同一坐标系。根据配准规模，点云配准分为两片点云配准和多片点云配准两大类，而多片点云配准可以通过两片点云的多次配准实现。

4. 点云补洞

采用三维扫描仪对被测物体进行扫描时，由于被测物体存在表面凹凸不平、不够规则、空腔，物体表面区域可能会存在未被扫描到的现象形成扫描盲区，产生许多形状各异、大小不一的孔洞。这就需要对模型外表面进行拟合，然后裁剪拟合曲面并与孔洞缝合，从而实现点云孔洞修补。

二、点云数据分类

1. 点云数据粗分类

经过预处理的数据就可以按照图幅分发给作业员进行编辑，作业员先进行粗分类，包含分离点和去噪两方面的内容。分离点指的是将点云中的地面点和非地面点分离，这种分离自动化程度较高，通过软件即可实现。需要注意的是分离地面点时，冗余点一般不参与；只有在点云密度较低的区域，才引入冗余点层，便于提取地面点。

2. 点云数据精分类

完成粗分类后，要进一步按照分离正常低点、分离空中点、分离地面点的顺序将表达不同类地物的点云进行自动分类。其原理是依据不同地物的反射强度、形状特征、回波次数等算法进行分类。裸露地表处必有一次回波，对应的反射点即为地面点。植被覆盖区域可能对应多次回波，最后一次回波对应的反射点为地面点。从较低的激光点中提取初始地表面，设置地面坡度阈值，反复进行迭代运算直至找到合理地面点。其中在建筑物较多的区域分离地面点的工作量大，要观察建筑物分布情况及规模，设置合理的参数去除建筑物高出地面的点，避免大型建筑物被误判为地面点。这些都需要根据地形及建筑物特征依据经验设定合理的参数。

三、激光雷达点云处理

这里以大疆智图为例，对大疆无人机挂载禅思 L1 的采集数据进行处理，对禅思 L1 的激光雷达原始文件进行处理生成 LAS 格式的三维点云。

（实操）大疆智图
激光雷达点云处理

1. 数据成果核验

图 3-4-2 为大疆无人机挂载禅思 L1 设备采集的成果文件，包括后缀名为 CLC、CLI、CMI、IMU、LDR、RTB、RTK、RTL 和 RTS 的文件。

相关文件介绍如下：

(1) CLC 文件：雷达 - 相机标定数据；

(2) CLI 文件：雷达 -IMU 标定数据；

(3) CMI 文件：视觉标定数据；

(4) IMU 文件：IMU 惯导数据；

(5) LDR 文件：激光点云原始数据；

(6) MNF 文件：视觉数据；

(7) RTB 文件：RTK 基站数据；

(8) RTK 文件：RTK 天线数据 - 主天线；

(9) RTL 文件：杆臂数据；

(10) RTS 文件：RTK 天线数据 - 副天线；

(11) JPG 文件：照片数据（真彩色需求，非必需）。

名称	日期	类型 ^	✓ 大小	标记
DJI_20220902112...	2022/9/2 11:29	BIN 文件	3 KB	
DJI_20220902112...	2022/9/2 11:30	BIN 文件	960 KB	
DJI_20220902112...	2022/9/2 11:27	CLC 文件	1 KB	
DJI_20220902112...	2022/9/2 11:27	CLI 文件	1 KB	
DJI_20220902112...	2022/9/2 11:27	CMI 文件	1 KB	
DJI_20220902112...	2022/9/2 11:31	IMU 文件	1,842 KB	
DJI_20220902112...	2022/9/2 11:29	LDR 文件	419,840 KB	
DJI_20220902112...	2022/9/2 11:29	MRK 文件	5 KB	
DJI_20220902112...	2022/9/2 11:31	RTB 文件	70 KB	
DJI_20220902112...	2022/9/2 11:31	RTK 文件	1,140 KB	
DJI_20220902112...	2022/9/2 11:31	RTL 文件	210 KB	
DJI_20220902112...	2022/9/2 11:31	RTS 文件	210 KB	

图 3-4-2　大疆无人机挂载禅思 L1 设备采集的成果文件

2. 大疆智图新建工程

启动 DJI Terra 软件并登录后，单击左下角"新建任务"按钮，选择"激光雷达点云"任务类型，如图 3-4-3 所示。

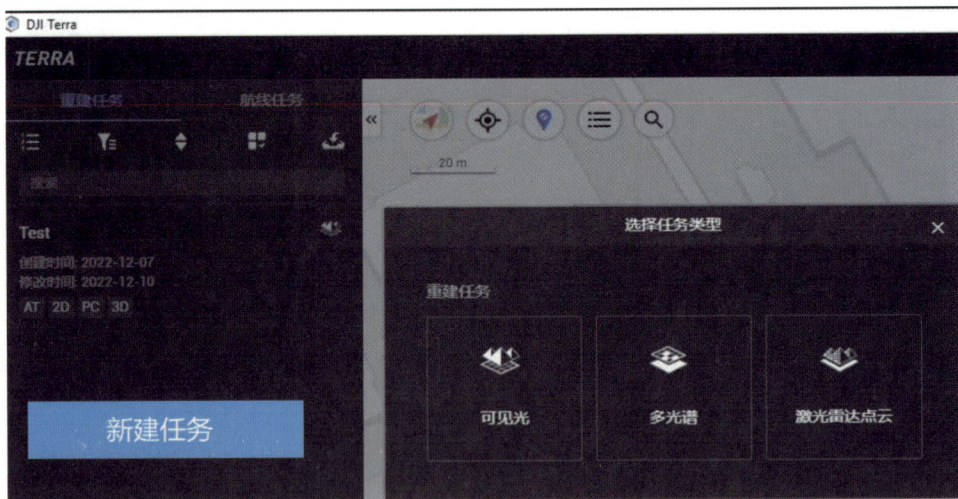

图 3-4-3　大疆智图新建工程界面

3. 大疆智图导入禅思 L1 设备的数据成果

单击 📁 ，选择对应的数据采集成果文件夹以添加导入激光雷达点云数据。可将多组激光雷达任务放置在一个大的文件夹中，添加数据时导入这个大文件夹即可，如图 3-4-4 所示。

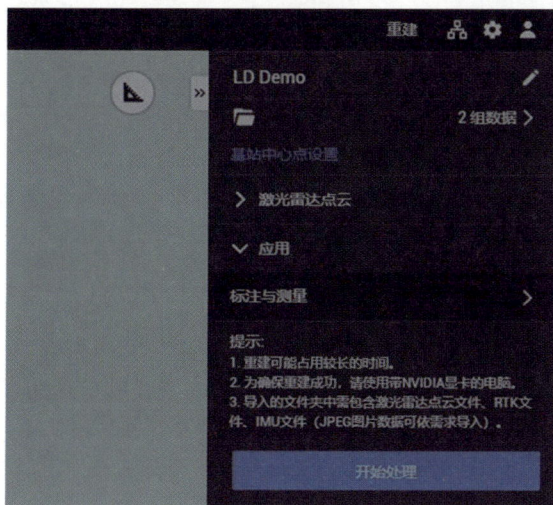

图 3-4-4 导入数据成果界面

4. 配置相关参数

激光雷达点云处理参数设置主要包含点云密度、使用场景、点云有效距离、点云精度优化、输出坐标系、点云数据输出格式等，如图 3-4-5 所示。

(1) 选择点云密度：高点云密度为原始采样率，使用 100% 的点云进行处理，处理成果质量最高，耗时最长。中点云密度使用 25% 的点云进行处理，处理成果质量中等，耗时中等。低点云密度使用 6.25% 的点云进行处理，处理成果点云稀疏，耗时最短。

(2) 选择使用场景：一般情况选择点云处理即可。若禅思 L1 出现上色重影等现象，可重新标定一下禅思 L1 内参以达到更好的效果体验，此时可选择禅思 L1 自标定。禅思 L1 自标定步骤分为准备阶段、开始标定、数据采集以及导出并应用标定文件等。在准备阶段，确保禅思 L1 激光雷达设备正常工作，且已与数据处理软件 (如大疆智图) 连接。准备一块特征明显的标定板或标定场地，确保标定过程中有足够的特征点供激光雷达扫描。开始标定阶段，在大疆智图软件中，选择"禅思 L1 自标定"功能。按照软件提示，将标定板或标定场地置于激光雷达的扫描范围内。确保标定过程中激光雷达稳定，避免移动或震动。在数据采集阶段，启动标定程序，让激光雷达对标定板或标定场地进行扫描。扫描完成后，软件会自动处理采集到的数据，生成标定所需的参数。在导出并应用标定文件阶段，单击"导出标定文件"，将标定文件存储至 microSD 卡根目录。然后将存储了标定文件的 microSD 卡插入禅思 L1，禅思 L1 通电后将自动使用该标定文件完成标定，后续的点云处理就将以标定后的内参开展运算。

(3) 点云有效距离：设置用于点云处理的有效点云数据与 LiDAR(激光雷达) 的距离。若激光雷达采集的点超过该有效距离，则这些点将在点云处理时被过滤，不会参与处理。

提示：

① 当需要重建一个较近的目标区域，但又不可避免地会采集到远处背景区域时，可以设置点云有效距离。

② 设置点云有效距离时，预估 LiDAR 位置和兴趣目标区域的最大直线距离，将其设

置为点云有效距离即可。

(4) 点云精度优化：开启该功能后，点云处理时将会对不同时刻扫描的点云数据进行优化，使得点云整体精度更高。此为专业版及以上版本才有的功能，用户需购买并激活许可证方可使用。

(5) 输出坐标系：大部分点云后端分析软件均不支持地理坐标系的点云文件导入，建议此处将输出坐标系选择为投影坐标系。

(6) 输出格式：大疆智图输出的三维点云包含以下格式，这里主要生成 LAS 格式三维点云。

① PNTS 格式：默认生成以在 Terra 显示 (LOD 点云格式，适合在 Cesium 中显示)；

② LAS 格式：ASPRS LASer，三维点云格式，V1.2 版本；

③ S3MB 格式：超图 LOD 点云格式；

④ PLY 格式：非 LOD 点云格式；

⑤ PCD 格式：非 LOD 点云格式。

图 3-4-5　激光雷达点云处理参数设置界面

5. 数据处理

单击"开始处理",下方的进度条会显示点云数据处理进度。处理过程中,可单击"停止",软件会保存当前进度。停止后若继续处理,软件会从保存的进度处回溯一段继续处理。可以共同开始多个点云处理任务,但在第 1 个开始的任务完成前,其余任务将处于排队状态,上一个任务完成后其余任务会按顺序依次进行点云处理。点云数据处理界面如图 3-4-6 所示。

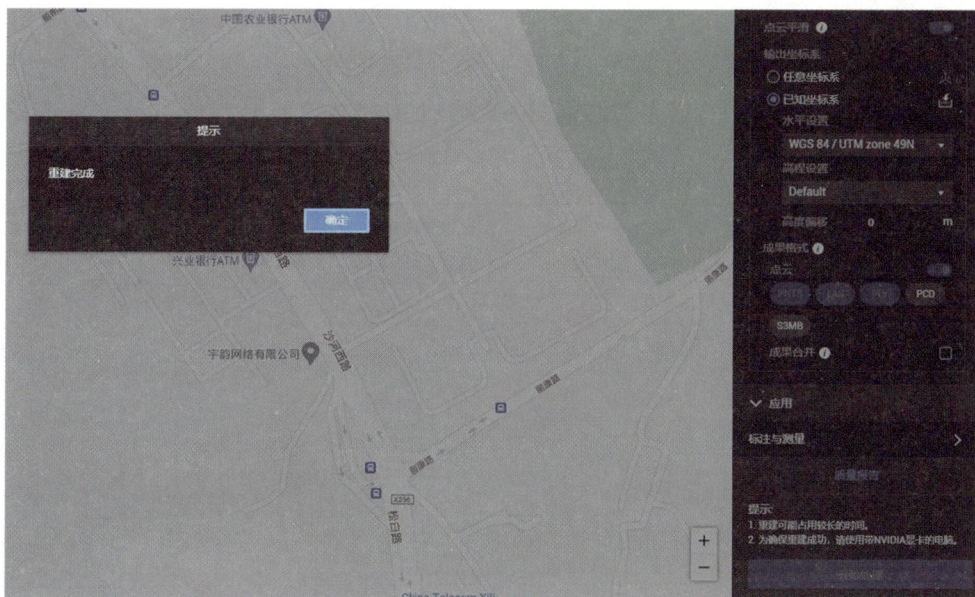

图 3-4-6　点云数据处理界面

6. 大疆智图成果预览

数据处理完成后,用户可对处理成果进行预览,预览时可进行平移、缩放、旋转等操作,在界面下方可选择 RGB、反射率、高度、回波等不同显示方式查看成果,如图 3-4-7 所示。

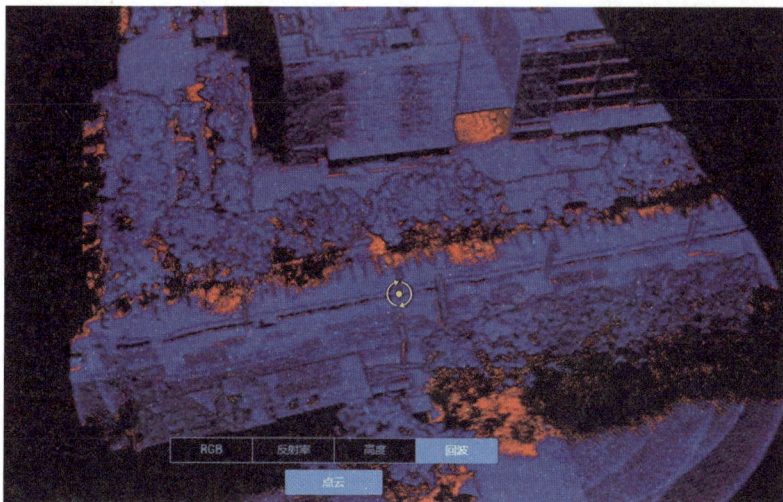

图 3-4-7　数据处理成果预览界面

（1）RGB：按真实颜色显示。

（2）反射率：按物体的反射率显示对应颜色，以 0 ～ 255 表示。其中 0 ～ 150 对应反射率介于 0 ～ 100% 的漫反射物体，而 151 ～ 255 对应全反射物体。

（3）高度：按照点云的高度不同显示不同的颜色。

（4）回波：当数据采集选择双回波或三回波时，按点云接收时的回波信息显示不同颜色。

7. 激光雷达点云文件储存

对于建模完成的任务，激光雷达点云默认存储在 C:\Users\< 计算机用户名 >\Documents\DJI\DJI Terra\<DJI 账号名 >\< 任务名称 >\< lidars> 成果文件夹中，也可在设置中更改缓存目录。用户可在重建页面使用快捷键 Ctrl+Alt+F 打开当前所在任务的文件夹，如图 3-4-8 所示。

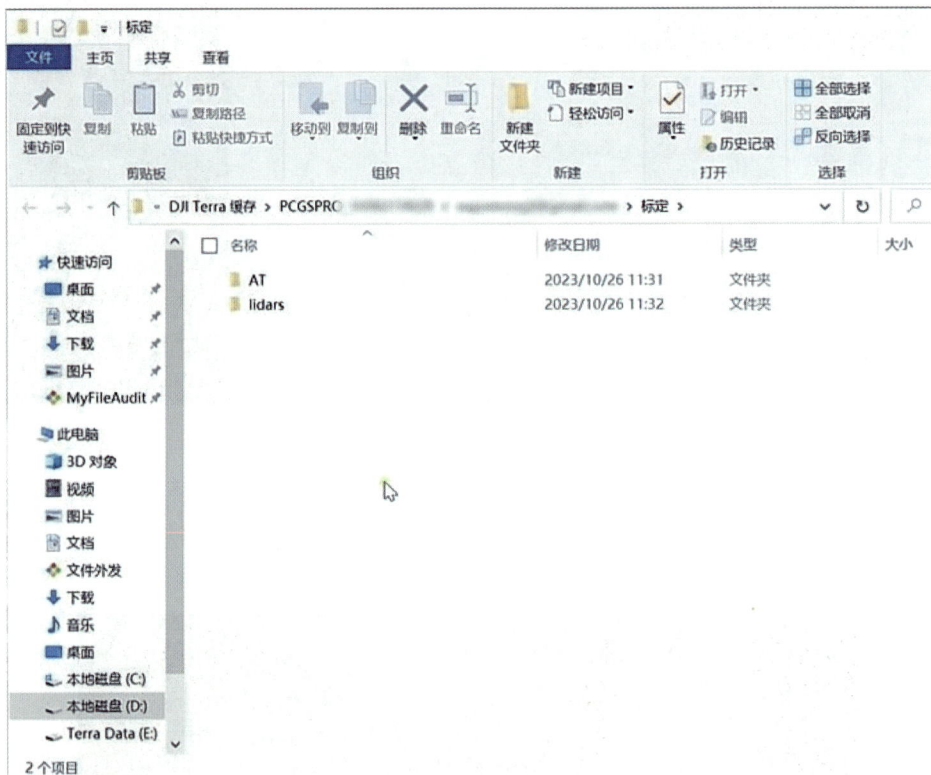

图 3-4-8　建模成果文件夹

图 3-4-9 所示为 lidars 成果文件夹中的文件，其中最重要的是 .las 格式的三维点云和 .out 格式的航迹文件。

（1）*.las：大疆智图生成的 las 点云为标准的机载 Lidar 成果，版本号为 V1.2，绝大部分后端软件均支持直接导入该成果。las 点云记录了三维点坐标、RGB 颜色、反射率、时间、回波次数、三维点属于第几次回波、每个回波的总点数、扫描角度等信息。

（2）*_sbet.out：任务后处理轨迹文件。该文件记录平差结算后的轨迹信息，可导入第三方软件中查看轨迹，也可以用第三方软件做二次平差处理。

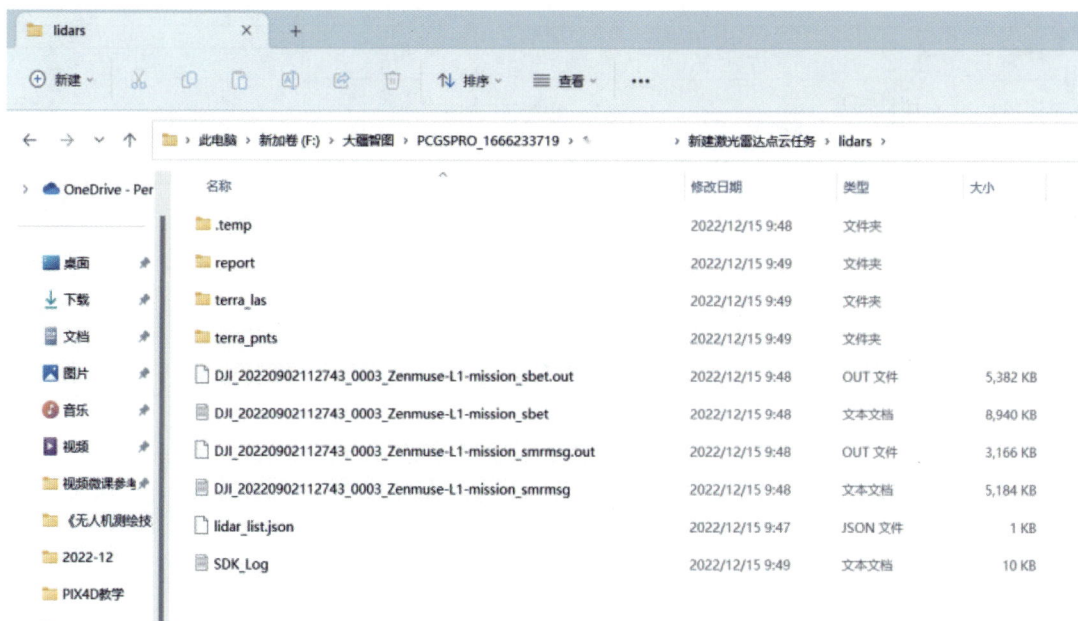

图 3-4-9　lidars 成果文件夹中的文件

项目总结

　　本项目主要学习了无人机航测数据生产的相关知识和操作技能。在学习过程中，要求了解常用航测数据处理软件的特点及其功能，掌握无人机正射影像、倾斜摄影和激光点云数据处理的相关处理流程，数字高程模型生产的相关要点等知识。在技能方面，要求能够做到基于 PIX4D 进行无人机正射影像数据处理，使用 Photoshop 软件进行数字正射影像图处理，基于大疆智图进行倾斜影像和激光雷达点云数据处理，基于正射影像与 DSM 进行数字线划图生产，基于三维模型进行数字线划图生产，并正确进行无人机航测正射和倾斜影像数据处理成果核验。并做到能够将理论与实践相结合，将所学知识运用到实践中去，不断提高技能本领。

组织评价

　　1.学生进行自我评价，并将结果填入表 3-1 中。

表 3-1　学生自评表

姓名		学号		班级		组别	
序号	评价项目	评 价 标 准				分值	得分
1	获取信息	掌握工作项目相关知识				20	
2	自主学习	学生自主学习能力				20	
3	学习态度	态度端正，认真严谨、积极主动				20	
4	学习质量	能按照工作方案操作，按计划完成工作项目				20	
5	协调能力	与小组成员、同学之间能合作交流，协调工作				20	
合　计						100	
总结与反思							
（如：学习过程中遇到什么问题如何解决的 / 解决不了的原因心得体会）							

2. 学生以小组为单位，对无人机的学习过程与结果进行互评，并将互评结果填入表 3-2 中。

表 3-2　学生互评表

姓名		学号		班级					组别		
评价项目	分值	等　级				评价对象（组别）						
						1	2	3	4	5	6	7	8
团队合作	25	优	良	中	差								
		25	20	18	10								
组织有序	25	优	良	中	差								
		25	20	18	10								
学习质量	25	优	良	中	差								
		25	20	18	10								
学习效率	25	优	良	中	差								
		25	20	18	10								
合计	100	各组得分											

3. 教师对学生工作过程与工作结果进行评价，并将评价结果填入表 3-3 中。

表 3-3　老师对学生评价表

评价项目	评价内容	评　价　标　准	自我评价	教师评价
职业素养 (10 分)	责任意识 (3 分)	1. 不遵守纪律，扣 1 分； 2. 没有完成工作项目，扣 1 分； 3. 严重影响工作纪律，扣 1 分		
	学习态度 主动 (3 分)	1. 缺勤达本次项目总学时的 10%，扣 0.5 分； 2. 缺勤达本次项目总学时的 20%，扣 1 分； 3. 缺勤达本次项目总学时的 30%，扣 1.5 分		
	合作 (4 分)	不与小组内同学进行沟通，扣 4 分		
专业能力 (90 分)	知识能力 (30 分)	1. 航测数据处理软件 ◆ 了解无人机航测数据处理软件的相关简介，得 3 分； ◆ 掌握无人机航测数据处理软件的相关特点，得 3 分； ◆ 掌握航测数据处理软件的行业及项目应用优势，得 3 分 2. 无人机正射影像数据处理 ◆ 了解无人机航测正射影像数据处理流程，得 3 分； ◆ 掌握数字正射影像图处理的主要内容，得 3 分； ◆ 掌握基于 DSM 数据成果进行数字高程模型生产的生产方式，得 3 分； ◆ 掌握正射影像图属性调绘的工艺流程，得 3 分 3. 无人机倾斜摄影数据处理 ◆ 了解无人机倾斜摄影数据处理流程的相关知识要点，得 3 分； ◆ 掌握基于三维模型的数字线划图的生产流程，得 3 分 4. 无人机激光点云数据处理 ◆ 了解无人机激光点云数据处理的相关技术流程，得 3 分		
	实践能力 (60 分)	1. 航测数据处理软件 ◆ 能够区分 Pix4Dmapper、ContextCapture、清华山维 EPS、大疆智图等航测数据处理软件的功能差异，得 5 分 2. 无人机正射影像数据处理 ◆ 能够对 DJI Mavic 3E 无人机采集的素材成果进行正射影像数据生产，得 5 分； ◆ 能够利用得到的高精度正射影像图结合 DSM 进行数字线划地图的生产，得 10 分；		

续表

评价项目	评价内容	评 价 标 准	评价方式	
			自我评价	教师评价
		◆ 能够正确进行正射影像图属性调绘的相关操作，得 5 分； ◆ 能够正确进行无人机航测正射影像数据处理成果核验，得 5 分 3. 无人机倾斜摄影数据处理 ◆ 能够使用大疆智图完成倾斜摄影三维模型的生产制作，得 10 分； ◆ 能够利用 EPS 基于三维模型进行数字线划图生产，得 10 分 4. 无人机激光点云数据处理 ◆ 能够使用大疆智图进行激光雷达点云处理，得 10 分		
总分 100 分	自我评价总分		评价总分	
学生姓名			综合评价等级	
指导教师			日期	

⬤ 实训报告

学生填写项目实训报告，并将详细实训过程填入表 3-4 中。

表 3-4　实训过程记录表

专　业		班　级	
姓　名		学　号	
课程名称		项目名称	
实训目标	知识目标： 1. 了解常用航测数据处理软件的特点及其功能； 2. 掌握无人机正射影像数据处理相关处理流程； 3. 掌握数字高程模型生产的相关要点； 4. 掌握无人机倾斜摄影数据处理的处理流程； 5. 了解无人机激光点云数据处理的相关技术流程		

实训目标	技能目标： 1.能够基于 Pix4Dmapper 进行无人机正射影像数据处理； 2.能够使用 Photoshop 软件进行数字正射影像图处理； 3.能够基于大疆智图进行倾斜影像数据处理； 4.能够基于正射影像与 DSM 进行数字线划图生产； 5.能够基于三维模型进行数字线划图生产； 6.能够基于大疆智图进行激光雷达点云处理； 7.能够正确进行无人机航测正射和倾斜影像数据处理成果核验 思政目标： 通过学习，正确地认识"工匠精神"的内涵，让学生体会到执着专注、精益求精、一丝不苟、追求卓越的劳动理念，培养学生务实肯干、坚持不懈、精雕细琢的敬业精神
实训环境及设备	1.无人机实训室； 2. Pix4Dmapper、ContextCapture、清华山维 EPS 和大疆智图等无人机测绘内业数据处理软件，Photoshop 图片处理软件
实训过程记录	

项目四　无人机航测技术综合创新应用

⬤ 项目要点

▶▶ 知 识 要 点

1. 掌握房地一体化测绘过程中无人机倾斜摄影的技术应用;
2. 了解无人机在城区土地规划测量中的应用特点;
3. 掌握无人机摄影测量在城区土地规划中的应用研究成果;
4. 了解无人机在城区土地规划测量中的应用流程。

▶▶ 技 能 要 点

1. 能够完成无人机房地一体化倾斜摄影项目生产实践;
2. 能够完成无人机城区土地规划应用测绘项目生产实践;
3. 能够完成无人机航测技术综合创新应用的实践操作。

⬤ 思 政 要 点

　　作为测绘专业的从业者,我们应深知自己肩负的社会责任和使命。无人机航测技术的应用,不仅能够提高测绘工作的效率和精度,更能为城市规划、土地管理、环境保护等领域提供有力支持。我们需要意识到,自己所从事工作的重要性和意义,增强自身的社会责任感和使命感。同时,我们也需要明白自己的每一个数据结果都可能对社会产生深远的影响,因此我们必须时刻以严谨的态度、精湛的技术和优质的服务,为社会做出更大的贡献。

教学实施

任务一　无人机房地一体化倾斜摄影项目生产

一、房地一体化测绘过程中无人机倾斜摄影的技术应用

1. 应用概述

对房地一体进行无人机倾斜摄影测量，可以有效完善农村土地以及不动产权制度。在测量工作中，可以利用无人机倾斜摄影测量技术完成对房地一体项目的测绘，通过三维影像保证测量成果具有明显的参考性以及应用性。主要应用包含以下几个方面：

房地一体测绘过程中无人机倾斜摄影的技术应用

(1) 对不动产区域进行测量，通过影像图以及三维模型，对测量的相关作业提供必要的技术支持，利用相关的图形软件对农村房地一体测绘实现全面的设定。

(2) 利用测绘图以及相关模型，形成准确的对应，以保证农村房地一体不动产区域的有效设定。

(3) 实现农村房地一体测绘区域的模型搭建工作，帮助开展农村房地一体可视化管理，有利于农村不动产以及土地产权的有效提升。

综上所述，在进行房地一体的测绘工作中，采用无人机倾斜摄影测量技术，可以全面增强测绘工作效率，保证房地一体测绘的精准性以及有效性，为后续测量工作提供严谨的参考依据，极大地提升房地一体测绘工作的准确性，也为后续测绘工作提供必要的安全保障。通过采集后的数据，根据我国《地籍调查规程》中的要求，完成相关模型的有效设定，解决了以往测量效率低、周期长、成本高、真实性不足的缺陷。

2. 应用优势

无人机倾斜摄影测量在房地一体测绘中的应用优势主要包括以下几个方面：

(1) 无人机倾斜摄影可以在实际应用中通过视点移动以及视角转换等，对同一物体从不同角度进行全面采集，实现三维模式的设定。通过不同的视角变换以及计算机对不动产

结构进行重建，整体重建高度还原，可以达到细节百分百地重现。此技术可以有效解决传统摄影测绘技术的单一性缺点。

(2) 利用无人机作为倾斜摄影设备，可以更快地进行视角转换。无人机可以完成迅速充电，且借助其较轻的机身，几乎可以在限定高度内完成任何飞行视角的转换。通过无人机内部的 POS 数据，在测绘时可以完成数据模式的现场分析。通过无人机搭载的核心芯片，可以远程传输自动化程序处理的物体数据，以便计算机更好地进行三维建模。

(3) 无人机设备的应用可以极大程度地节省人力，全面提升测绘工作的效率。无人机摄影测量技术要求较高，因此其节省下来的时间也可以使技术人员更好地进行内业数据处理工作，降低人工误差。通过无人机采集的正射影像与构建的三维模型的有效应用，农村房地一体测绘结果可以实现从二维到三维、从静态到动态的全面转化。

(4) 面对突发状况能够及时响应，做到对农村房地数据的迅速采集和资料整合，可以为相关决策部门提供依据。

3. 测量思路与应用流程

采用无人机进行倾斜摄影测量生产实景三维模型，用于地籍图测绘的总体思路为外业倾斜航飞数据采集、内业倾斜影像三维模型重建、采集数据编辑成图。作业流程主要包括航飞前的测区勘察、资料收集、空域申请，航线规划、影像数据获取、控制点测量、像控点布设测量、内业数据解算和地籍图测绘等，如图 4-1-1 所示。

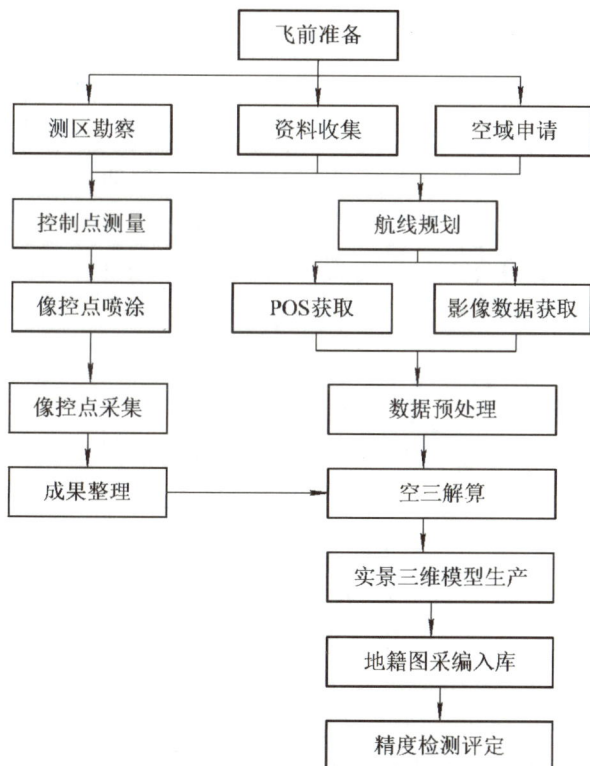

图 4-1-1 基于倾斜摄影生产地籍图的作业流程

在实际采集过程中，技术人员首先需要明确测区的地理概况，还要掌握地籍调查图纸的具体内容，从而使测量工作的开展更加顺利。在不同的测量要求下，技术人员要满足相应的要求。在确定测量要求之后，技术人员就需要在测区范围布设像控点，利用 RTK、全站仪确定像控点的坐标，为测量工作的准确开展提供基础。之后，就需要制定外业飞行方案，通过无人机倾斜摄影获得可靠的影像数据。在获得影像数据之后，将外业航飞采集的影像数据、POS 数据、地面控制点数据导入软件中进行三维建模。最后，利用三维测图软件进行立体测图，并在大疆智图中进行编辑。关键工序有布设像控点、实景三维建模，采集地籍数据信息和分析数据精度，分别介绍如下。

1) 布设像控点

控制点的布置对于测量工作的开展尤为重要。在利用无人机倾斜摄影技术时，技术人员需要合理布设像控点，确保测量结果的准确性，防止在实际工作当中产生问题。一般来说，像控点的布设需要根据房地一体的测区范围予以确定，才能够提升拍摄的精准性。技术人员在完成像控点布设工作之后，就需要以像控点为基础，为无人机的拍摄提供相应的标准，还可以为三维模型的建立提供数据基础。房地一体测量受到较多因素的影响，特别是在利用无人机倾斜摄影技术时，测量结果的体现会受到无人机航线布设因素的影响，所以技术人员要做好航线定位工作，确保拍摄成果的质量。在布设像控点时，还需要考虑无人机拍摄的视角及时间周期等因素，确定像控点的间距及位置，使测量工作的开展更加准确。

2) 实景三维建模

三维建模是房地一体测量的要点，在利用无人机倾斜摄影技术时，需要基于影像构建三维模型。将外业航拍采集的影像数据、POS 数据、地面控制点数据导入预处理软件中进行检查，包括测区范围内影像重叠度及照片质量、飞行质量检查等工作。对于重叠度不合格及照片质量不达标的情况，需要对该数据进行重新补拍采集，确保数据无误。将预处理好的数据导入大疆智图软件中进行数据处理，经过空三加密解算形成最终的三维模型产品。

注意：在部分数据不符合要求时空三结果会存在问题。这时就需要添加连接点或者删除不符合要求的数据，然后重新开展空三解算得到最终的空三结果。

3) 采集地籍数据信息

在采集地籍数据信息之前，技术人员需要在三维测图系统中导入大疆智图生成的三维模型。然后在三维测图软件中进行矢量数据采集编辑，主要采集居民地、道路、水系等要素及属性，采集完成后对内业无法测准及遮挡的要素进行外业补拍采集，生成房地一体项目权籍调查所需的数字线化图。

在采集数据时，可以对数据进行分类，可分为建筑的外在数据、层数及建筑结构等。在获得相应的数据之后，会发现部分数据比较模糊，技术人员可以通过正射影像及三维模型等进行二次修正数据。为方便外业权籍调查工作，可使用任务航测影像或者使用已有的分辨率为 0.5 m 正射影像图进行放大，制作外业调查工作底图，比例尺一般以 1∶500 或 1∶1000 为宜。

在实景三维建模的过程中，技术人员需要在倾斜空中三角测量之后再建模。在无人机倾斜摄影技术的支撑下，整个建模过程展现较强的自动化特性，房地一体测量效率得到提升。

4) 分析数据精度

数据精度的体现会在较大程度上影响房地一体测量效用。在利用无人机倾斜摄影技术时，工作人员需要把控数据精度，对倾斜摄影数据与实际的场地数据之间的偏差进行分析，从而确保其能够满足外业调查的相关要求。在分析数据精度时，相邻的地物点之间的距离误差需要控制在 5 cm 以下，最大限差需要控制在 10 cm 以下，才能够满足测量要求。在房地一体测量中，技术人员可以对被测区域的房角点和墙角点的位置进行取样，利用外业检查点实际检验，以验证房屋界址点和面积的精度。

二、实例分析

1. 项目概况

某地房地一体化项目，任务区域面积约 5 km²。该次作业采用了大疆经纬 M300RTK 无人机搭载大疆禅思 P1 做相关地块拍摄，使用大疆智图生成三维模型，将大疆智图生成的三维模型导入 EPS 软件进行线划图生产。

房地一体测绘
实例分析

2. 测区勘察和资料收集

对任务区进行勘察，收集任务区已有的可知资料，任务区内农房高差约为 20 m，没有军事和机场等禁飞区，适合开展无人机航测作业。

3. 空域申请

勘察完成后，按照无人机作业要求，按照流程对测区航飞进行申请，申请表中写明航摄时间、航摄范围及航摄高度等信息。

4. 无人机选择及航线规划

由于测区高差约 20 m，采用大疆经纬 M300 RTK 无人机搭载大疆禅思 P1 即可完成影像数据的采集。航飞参数设置为：同一航线上最大与最小航高的高差小于 30 m，航向重叠 80%，旁向重叠 75%，倾斜像头的前后倾角小于 40°，左右倾角小于 35°。航线设计图如图 4-1-2 所示。选择良好的天气进行外业航飞，获取符合规范要求的地面倾斜影像。

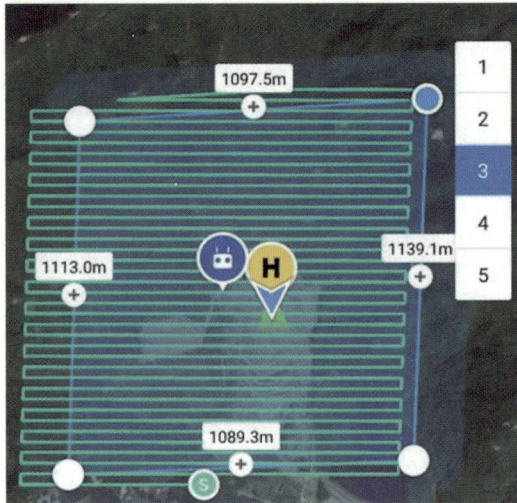

图 4-1-2　航线设计图

5. 像控点布设测量

像控点测量根据测区地形、地貌情况开展，外业人员在测区选取 55 个点位作为控制点和检测点，其中采集控制点 32 个，检测点 23 个，控制点和检测点坐标采用 CORS 网络 RTK 实地采集。为了提高成果精度，点位采取喷涂方式进行。采用红色油漆，间隔 200 m 左右，均匀地在地面上喷涂图形长 80 ～ 120 cm、宽 15 ～ 20 cm 的 L 形像控点，点位采集在 L 形的外直角拐角处。要求采集的点位均为固定解，且每个点位至少采集 3 次，每次采集的点位差均小于 1 cm，最后点位坐标为 3 次采集坐标值的平均值。检测点分布于整个测区，且都为房角点，采集的同时也进行了实地照片拍摄。实地采集像控点的照片如图 4-1-3 所示。

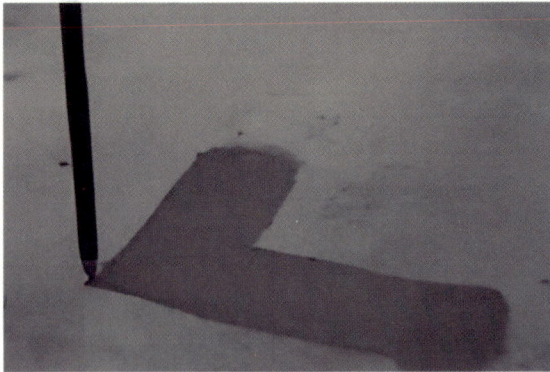

图 4-1-3　实地采集像控点的照片

6. 影像数据获取

在确保安全的情况下，按照空域批准文件要求，进行无人机的起飞与影像数据的获取。正式作业前，需对设备情况进行检查，在地面进行试拍，确保内存卡可以正常写入数据，POS 记录装置正常运行。在完成设备检查后，通过地面站和遥控器控制无人机起飞，按照规划好的航线完成任务区影像数据的获取，共获得 23 000 张有效影像。

7. 数据预处理

结合飞机飞行方向、航线与相机安装之间的关系，在不影响模型成果的前提下，手动删除无效影像 3 200 张，剩余 19 800 张影像用于空三解算和模型生产。考虑到侧视相机获取的影像畸变大，对成果精度有一定的影响，为了提升成果精度，提高空三通过率，随机选取连续的 300 张影像进行空三解算。在完成相对定向后，得到了精度较高的相机参数，利用高精度相机参数来去除影像产生的畸变。

8. 空三解算

空三解算在内业数据处理中是最重要的一个环节，空三的结果直接决定后期模型的精度。大疆智图自带空三解算功能，作业时利用预处理后的成果进行空三解算。在数据解算结束后，查看空三成果的质量。通过查看，空三成果符合实际情况，空三报告中加密点中误差为 0.011m，成果精度符合规范要求。导入控制点，对控制点进行刺点操作，为保证后期空三优化的鲁棒性，推荐每个像控点的刺点影像数量不少于 4 张，所刺控制点尽可能在测区内均匀分布，推荐不少于 4 个控制点 (需要将像控点类型设置为控制点)。检查点可以视实际情况设置。

9. 实景三维模型生产

实景三维模型生产设置的模型格式为 OSGB，这种格式的图像结构是多层级金字塔，主要用来进行模型成果查看和地籍图测绘。在模型输出后，设置 OSGB 模型的索引文件，利用大疆智图 3D 功能可以打开模型，对模型成果进行查看，主要检查模型有没有分层，模型有没有因严重拉花导致无法进行地籍图测绘的情况。另外，可以输出正射影像图来套合采集的地籍图，检查采集结果是否准确。部分输出的模型成果如图 4-1-4 所示。

图 4-1-4　部分实景三维模型成果

10. 地籍图采集入库

利用 EPS 软件进行地籍图采集入库。进入软件，在三维测图模块下单击 "OSGB 数据转换"，加载对应的模型成果进行 XML 文件转换，得到 EPS 软件能够识别的 DSM 数据。然后导入 DSM 数据，在裸眼环境下，直接进行地籍图的采集转换。转换完成后，选择定制版的房地一体项目对应的数据库，将模型和真正射影像加载到软件中，进行房屋及其宗地的测绘。为了提高采集效率，在采集规则的矩形房屋时，采用软件中自带的 "五点房"命令，这样不但采集效率高，且采集的房屋夹角为直角，符合实际情况。对于模型变形严重区域，无法直接在模型上准确采集地籍图，可通过调入立体像对，在虚拟立体环境下补充采集地籍图。采集完成后，利用软件中质检模块对采集的成果进行质检，根据质检情况，修改质检中的错误，直到通过软件的质检。采集的部分地籍图成果如图 4-1-5 所示。

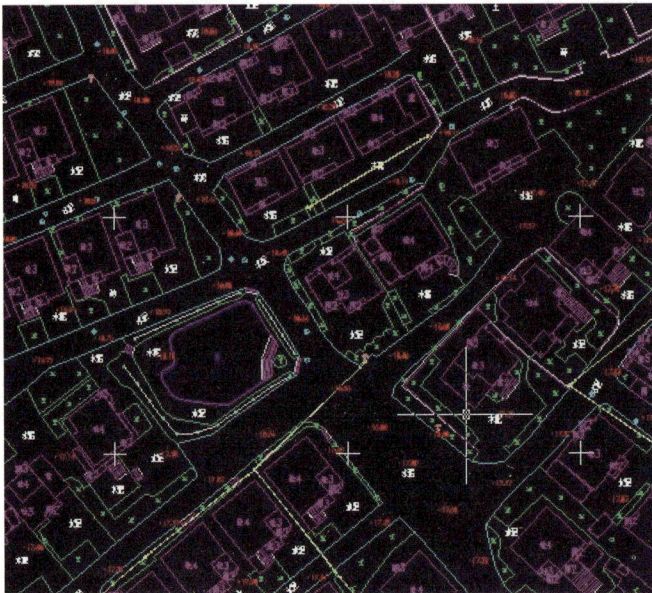

图 4-1-5　部分地籍图成果

11. 精度评定

采用高精度中误差检测方法，对 23 个检测点进行精度检测，检测统计结果见表 4-1-1。

表 4-1-1　检测点检测精度统计表

点号	较差 DX/cm	较差 DY/cm	较差 DS/cm	点号	较差 DX/cm	较差 DY/cm	较差 DS/cm
JC01	3.1	4.9	5.8	JC13	2.6	3.6	4.4
JC02	2.5	3.8	4.5	JC14	2.7	4.1	4.9
JC03	3.5	4.1	5.4	JC15	2.9	3.1	4.2
JC04	3.8	3.2	5.0	JC16	3.5	3.1	4.7
JC05	2.4	3.8	4.5	JC17	3.8	2.2	4.4
JC06	3.3	4.8	5.8	JC18	4.5	2.6	5.2
JC07	2.5	3.8	4.5	JC19	4.1	3.5	5.4
JC08	3.8	4.8	6.1	JC20	5.5	4.3	7.0
JC09	4.1	3.8	5.6	JC21	3.3	2.6	4.2
JC10	2.8	3.6	4.6	JC22	4.8	3.8	6.1
JC11	3.7	3.4	5.0	JC23	4.9	3.3	5.9
JC12	2.6	4.5	5.2				

通过上表可以看出，23 个检测点中，X 方向和 Y 方向最大的较差值分别为 ±5.5 cm 和 ±4.9 cm，XY 方向最大较差值为 ±7.0 cm，23 个点的中误差为 ±2.3 cm，成果精度均未超过地籍规范要求。这表明本次成果精度良好，可以为农村房地一体项目的开展提供参考。

任务二　无人机城区土地规划应用测绘项目生产

一、无人机在城区土地规划测量中应用的特点

随着摄影测量技术的显著提升，无人机在城区土地规划测量中的应用展现出了前所未有的优势。三维建模技术的突破，让无人机能够轻松构建出高精度的三维地形模型，为城市规划提供了直观、真实的场景模拟。同时，集成先进定位技术的无人机，在复杂环境中依然能保持高精度的自主定位与导航，确保了测量数据的准确无误。此外，无人机的高效作业与灵活操作，更是极大地提升了测量工作的效率，降低了成本与安全风险。这一系列的技术提升，使无人机在城区土地规划测量中展现出高效性、直观性、机动性、灵活性、分辨率高以及对场地要求较低等应用特点。

无人机城区土地规划测绘过程中无人机倾斜摄影的技术应用

1. 高效性

在以往的城区土地规划测量工作当中，人力测量是最主要的测量方式，但是受到地形等因素的影响，人力测量不仅测量时间较长，测量效率也非常低。而将无人机应用到城区土地规划测量工作当中，可以在不受地形条件限制的情况下开展测量工作，不仅测量方式更加灵活、自由，测量时间也明显缩短，测量效率有了大幅度的提升。

2. 直观性

将无人机应用到城区土地规划测量中，不仅可以从整体上保证城区土地规划测量工作的质量，还可以在近景拍摄过程中提升测量效果的直观性。即使测量区域的地形地貌相对复杂，拍摄出来的图像也具有较高的清晰度。与此同时，无人机还可以根据要求展开更为细致的测量，并将测量结果传输给地面的工作人员。

3. 机动性与灵活性

无人机在城区土地规划测量中的应用，表现出了较强的机动性与灵活性。首先，在利用无人机进行低空拍摄的过程中，整个拍摄过程不容易受到外界气候条件的影响，且无人机可以灵活地进行升空或者下降。其次，无人机的操作方式比较简单，可以在较短的时间

内获取测量数据，工作人员可以在最短的时间完成工作任务，对所获数据进行传输、保存、处理以及分析。

4.分辨率高

使用传统的卫星拍摄方式，一旦遇到高层建筑物，拍摄过程将会受到阻碍。所以传统的卫星拍摄方式经常出现遥感盲区，且所获数据的准确性也得不到保证。也就是说，这种测量方式不仅会产生大量的人力消耗和物力消耗，还无法对测量数据的准确度进行保证，一些测量区域的地形地貌无法被精准地呈现出来。而通过无人机则可以展开多角度航拍，将测量区域的地形地貌特点全方位地呈现出来，不会受到高层建筑物等遮挡物的影响。

5.对场地要求低

近年来，在科学技术水平不断提高的情况下，绝大多数无人机的起飞方式和降落方式更加便捷，在应用过程中对场地要求相对自由。

二、无人机摄影测量城区土地规划应用研究

按城区土地规划工作内容分类，无人机摄影测量在城区土地规划中的应用共有以下几个方面。

1.规划管理

快速建立城市模型：用搭载在飞机上的倾斜摄影测量系统对整个城市进行航拍，可以有效地建立具有海量地理信息的大场景现状模型，有效提高城市现状建模的效率；而通过搭载在轻型无人机上的倾斜摄影测量系统则可以快速建立城市局部的三维模型，从而保证数字城市与城市建设同步更新，保障城市现状模型的现势性。

2.辅助规划审批

在规划审批过程中，通过对三维虚拟城市中的地物进行编辑，可以直观地反映出报审项目与周边城市环境之间的关系，辅助规划审批。此外，能轻松对各项规划指标进行控制管理，退让和日照情况都能直观看出，规划审批时需要的容积率、建筑密度等规划指标数据可直接量测，进而提高建设工程的报批效率，为城区土地规划管理提供依据。

3.竣工核实

传统竣工测量的成果多为平面图、文档、图表等资料，在项目建设的空间表达上还有一定的欠缺。随着低空无人机的发展，对竣工建筑物实施倾斜摄影测量和快速建模，不仅能够完成传统的竣工测量工作，还可以通过模型与设计方案的对比检查建设项目在空间上的完成情况，同时也实现了对城市现状模型库的实时更新。

4.规划监察

规划监察对于城市合理用地、规范建设起到至关重要的作用。倾斜摄影测量与无人机

低空航拍的出现为规划监察提供了新的手段与方法。监察人员通过定期对建设项目进行航拍，建立具备真实坐标的项目区域的正射影像图或三维模型，通过与规划控制线叠加，分析项目是否存在违法用地和违章建设情况，打破了传统的规划监察方式，解放了生产力，提高了工作效率。

5. 规划信息化建设

无人机摄影测量的现势性和精确性有效避免了以往在基础数据中人工测量周期长、耗费人力物力等缺点，可以快速精准地实现规划信息化建设与运用。

三、无人机在城区土地规划测量中应用的流程

无人机在城区土地规划测量中的应用流程主要包括拟定测量区域、确定相关工具参数、布置像控点、开展无人机航拍以及数据的分析和处理等环节。下面将逐一进行介绍。

1. 拟定测量区域

在城区土地规划测量当中，应用无人机技术，需要先拟定需要测量的区域，并对测量区域的住户情况、气候条件、公路运行情况、水库运行情况以及海拔情况等进行全面、细致的调研，并以此为基础制定出合理的规划测量方案。

2. 确定相关工具参数

在无人机应用过程中，先由无人机航拍获取一组数据，然后结合航拍面积选择相应的工具参数，主要包括确定相机像素、镜头和分辨率调整等。

3. 布置像控点

一般情况下，在无人机进行航拍任务之前，就需要进行像控点的布设。像控点是无人机航拍摄影测量控制加密与测量工作的基础。像控点的布设数量与布设精准度，对无人机航测数据的准确性与有效性有着直接的影响。在布设像控点的过程中，需要注意以下几方面：

(1) 对测量区域进行分析，并以此为基础进行像控点的统一部署，以高平点为基础进行像控点的布设。

(2) 相邻像对和相邻航线之间的像控点应尽量共用。如果像控点位于边缘区域，可以在轮廓线外面进行像控点的布设。

(3) 如果测量区域的建筑物相对密集，那么要适当增加像控点的布设数量。例如，如果利用无人机拍摄测制 1 ∶ 1000 地形图，需要测量区域的航拍面积是 10 km^2，就需要拟定 10 个像控点。如果测量区域的地势相对平坦，那么需要将像控点的高度与平面差都控制在 20 cm 以内。另外，像控点还需要使用标靶板进行标记。

4. 开展无人机航拍

使用无人机进行航拍，需要在无人机上安装专用摄影机，借助专用摄影机的高分辨率来进行高清晰度图片的获取。在实际航拍过程中，需要利用 GPS 导航技术和遥控技术对

无人机进行指挥和控制，使其沿着特定的线路、按照特定的速度进行飞行，并完成实地拍摄。之后，再对这些影像资料进行整理，做好相关数据的记录和分析，保证无人机航拍的实效性。图 4-2-1 为无人机拍摄的某城区规划总平图。

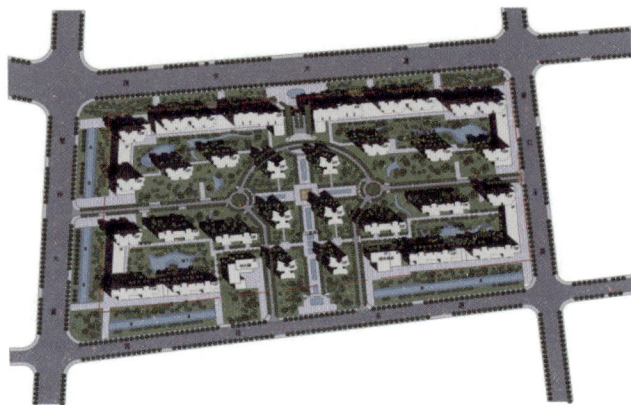

图 4-2-1　无人机拍摄的某城区规划总平图

5. 数据的分析和处理

对于数据的分析和处理，需要使用影像处理软件。在数据分析与处理的过程中，还需要结合影像数据进行相关模型的生成和图片坐标信息的确定。只有这样，才能够充分发挥出这些影像信息资料的应用价值，保证城区土地规划测量工作的顺利开展。

四、实例分析

无人机城区土地
规划测绘实例分析

1. 项目概况

现以某城区土地规划项目为例，作业面积约 2 km^2，该次作业采用了大疆经纬 M300 RTK 无人机搭载大疆禅思 P1 做相关地块拍摄，利用大疆智图软件进行空三处理、三维建模、生成真正射影像，利用清华 EPS 软件进行地形图测绘。本节从航线设计、像控点布设测量、数据处理、数据应用等多个方面介绍了倾斜摄影在城区土地规划中的应用。

2. 航线设计

根据倾斜摄影作业要求，将航拍作业的基本参数设置为相对航高 280 m，航向重叠度和旁向重叠度均设置为 80%，既可以满足倾斜摄影三维建模对地物多方位不同角度的影像要求，又能最大程度减少航线数及总相片数，降低航摄成本和后期数据处理的压力。确定好相对航高和重叠率，便可以在无人机的地面站软件中进行航线规划。由于无人机的续航时间有限，总的航线所需时间超出了无人机的最大航时，因此将测区划分为 6 个架次进行航摄飞行。

3. 像控点布设测量

根据倾斜摄影作业要求，每平方千米选择 10 个以上像控点，实际作业时选取了 46 个

像控点，其中 26 个像控点，20 个检测点。这些点在测区内分布均匀，完整覆盖了测区，点位均选在了明显的地物拐角点或线状地物的交叉点，如道路标志线、房屋等地物的角点等。利用 GNSS 接收机、全站仪等设备测定出上述 46 个点的平面坐标及高程，并在相应的照片上做好点位标记。

4. 无人机航摄

无人机起飞前须进行详尽细致的检查。检查全部合格后，控制飞机起飞，观察飞机的姿态是否稳定，检查无误后切换到自动驾驶状态，飞机爬升至预设高度并进入航线开始拍摄。飞行结束后，将相机拍摄的影像文件和飞机飞控记录的 POS 数据传输到电脑中，对飞行数据进行检查。重点检查照片是否有丢漏和重叠度是否满足要求。若飞行数据不满足要求，在分析原因后进行重拍或补拍。

5. 空三处理

空三解算在内业数据处理中是最重要的一个环节，空三的结果直接决定后期模型的精度。大疆智图自带空三解算功能，作业时利用预处理后的成果进行空中三角测量解算。在数据解算结束后，查看空三成果的质量。通过查看，空三成果符合实际情况，空三报告中控制点平面中误差为 6.3 cm，高程中误差为 4.1 cm，检测点平面中误差为 5.9 cm，高程中误差为 4.9 cm，考虑到实际项目中像片的地面采样间隔为 5 cm，基本将误差控制在一个像素大小，空三成果精度较为理想，成果精度符合规范要求。然后导入控制点，对控制点进行刺点操作。为保证后期空三优化的鲁棒性，推荐每个像控点的刺点影像数量不少于 4 张，所刺控制点尽可能在测区内均匀分布，推荐不少于 4 个控制点（需要将像控点类型设置为控制点）。检查点可以视实际情况设置。

6. 三维模型生成

空三解算通过后，利用大疆智图软件进行三维建模，通过影像匹配技术，可生成基于真实影像的超高密度点云，再根据点云数据生成数字地表模型 (DSM)，并自动将纹理映射到数字地表模型上，以此生成基于真实影像纹理的高分辨率实景三维模型，形成整体的三维模型数据。实景三维模型生产的设置模型格式为 OSGB，这种格式的图像是多层级金字塔结构的，主要用来进行模型成果查看和地籍图测绘。在模型输出后，设置 OSGB 模型的索引文件，利用大疆智图 3D 功能可以打开模型，对模型成果进行查看，主要检查模型有没有分层，模型有没有因严重拉花导致无法进行地籍图测绘的情况。

7. 真正射影像生成

传统的数字正射影像图是在数字高程模型的基础上进行生产的，影像图上的房屋、桥梁等建筑具有投影差，严重影响了影像图的准确判读。真正射影像是将正射影像纠正为垂直视角的影像产品，表现为地形、建筑物等要素没有投影差、建筑物间无遮挡的正射影像图，全面无遗漏地展现了地面上的物要素。以倾斜摄影空三处理结果为定位基础，以生成三维模型时的高精度数字表面模型数据为高程数据源，对原始影像中的下视影像进行正射纠正，利用其他方向的影像对遮挡部分进行修补，便可生成真正射影像。用真正射影像图来套合采集的地籍图，检查采集结果是否准确。

8. 利用倾斜摄影模型进行地形图测绘

与用传统的摄影测量方式不同，采用倾斜摄影模型进行地形图测绘，不需要专业的立体显示设备，对作业人员的立体感没有特殊要求，可以直接在三维模型上对地物进行量测。通过倾斜摄影模型可以准确定位建筑物的侧立面，因而在勾画建筑物时可以直接勾画其建筑主体，省略掉了房檐改正的环节，并且可以判读出房屋的层数，减少了外业调绘的工作量。使用 EPS 三维建模软件进行倾斜摄影模型测图时，需要先把三维建模生成的 OSGB 格式三维模型转换为 DSM 格式的数据，并对转换后的 DSM 格式数据进行加载。软件会自动打开一个三维模型窗口和一个二维矢量窗口，两个窗口会进行联动，在三维窗口描绘的地物会自动显示在二维窗口中。对于比较规整的矩形房屋，可以选择"五点房"功能进行绘制。对于不规则房屋，可以通过按住 Ctrl 键捕捉每个角点的方式绘制。除了房屋之外，水系、管线、道路、植被、地貌等信息均可以按照类似的方式在立体模型上进行采集。

项目总结

本项目主要学习了无人机航测技术综合创新应用的相关知识和操作技能。在学习过程中，重点掌握无人机房地一体化倾斜摄影项目生产和无人机城区土地规划应用测绘项目生产两部分内容，应做到能够学以致用，将所学知识灵活应用于实践当中，不断提高自身技能。

组织评价

1. 学生进行自我评价，并将结果填入表 4-1 中。

表 4-1　学生自评表

姓名		学号		班级		组别	
序号	评价项目	评价标准				分值	得分
1	获取信息	掌握工作项目相关知识				20	
2	自主学习	学生自主学习能力				20	
3	学习态度	态度端正，认真严谨、积极主动				20	
4	学习质量	能按照工作方案操作，按计划完成工作项目				20	
5	协调能力	与小组成员、同学之间能合作交流，协调工作				20	
合　计						100	
总结与反思							
（如：学习过程中遇到什么问题，如何解决的／解决不了的原因，心得体会）							

2. 学生以小组为单位，对无人机的学习过程与结果进行互评，并将互评结果填入表 4-2 中。

表 4-2 学生互评表

姓名		学号			班级				组别	
评价项目	分值	等 级				评价对象（组别）					
						1	2	3	4	5	6	7	8
团队合作	25	优	良	中	差								
		25	20	18	10								
组织有序	25	优	良	中	差								
		25	20	18	10								
学习质量	25	优	良	中	差								
		25	20	18	10								
学习效率	25	优	良	中	差								
		25	20	18	10								
合计	100	各组得分											

3. 教师对学生工作过程与工作结果进行评价，并将评价结果填入表 4-3 中。

表 4-3 老师对学生评价表

评价项目	评价内容	评价标准	评价方式	
			自我评价	教师评价
职业素养（10分）	责任意识（3分）	1. 不遵守纪律，扣 1 分； 2. 没有完成工作项目，扣 1 分； 3. 严重影响工作纪律，扣 1 分		
	学习态度主动（3分）	1. 缺勤达本次项目总学时的 10%，扣 0.5 分； 2. 缺勤达本次项目总学时的 20%，扣 1 分； 3. 缺勤达本次项目总学时的 30%，扣 1.5 分		
	合作（4分）	不与小组内同学进行沟通，扣 4 分		

评价项目	评价内容	评 价 标 准	评价方式	
			自我评价	教师评价
专业能力 (90 分)	知识能力 (30 分)	1. 无人机房地一体化倾斜摄影项目生产 ◆ 了解房地一体测绘过程中无人机倾斜摄影技术的应用方面和应用优势，得 4 分； ◆ 掌握房地一体测绘过程中无人机倾斜摄影的测量思路与应用流程，得 10 分 2. 无人机城区土地规划应用测绘项目生产 ◆ 了解无人机在城区土地规划测量中的应用特点，得 3 分； ◆ 掌握无人机摄影测量在城区土地规划中的应用方面，得 3 分； ◆ 掌握无人机在城区土地规划测量中的应用流程，得 10 分		
	实践能力 (60 分)	1. 无人机房地一体化倾斜摄影项目生产 ◆ 能够采用大疆经纬 M300RTK 无人机搭载大疆禅思 P1 在房地一体测绘项目中进行相关地块拍摄，得 15 分； ◆ 能够使用大疆智图生成三维模型，并将生成的三维模型导入 EPS 进行线划图生产，得 15 分 2. 无人机城区土地规划应用测绘项目生产 ◆ 能够采用大疆经纬 M300RTK 无人机搭载大疆禅思 P1 在城区土地规划测量项目中进行相关地块拍摄，得 15 分； ◆ 能够使用大疆智图软件进行空三处理、三维建模、生成真正射影像，并利用清华 EPS 软件进行地形图测绘，得 15 分		
总分 100 分	自我评价总分		评价总分	
学生姓名			综合评价等级	
指导教师			日期	

实 训 报 告

学生填写项目实训报告，并将详细实训过程填入表 4-4 中。

表 4-4　实训过程记录表

专　业		班　级	
姓　名		学　号	
课程名称		项目名称	
实训目标	知识目标： 1. 掌握房地一体化测绘过程中无人机倾斜摄影的技术应用； 2. 了解无人机在城区土地规划测量中的应用特点； 3. 掌握无人机摄影测量在城区土地规划中的应用研究成果； 4. 了解无人机在城区土地规划测量中的应用流程 技能目标： 1. 能够完成无人机房地一体化倾斜摄影项目生产实践； 2. 能够完成无人机城区土地规划应用测绘项目生产实践； 3. 能够完成无人机航测技术综合创新应用的实践操作 思政目标： 通过学习，塑造理论联系实际的学风，使学生做到一切从实际出发，实事求是，在实践中检验发展真理，深刻体会马克思主义理论的精髓，理解我党在长期革命和实践中确立的思想路线所具有的价值意义		
实训环境及设备	1. 无人机实训室和室外实训飞行场地； 2. 常见测绘仪器、大疆经纬 M300RTK、大疆禅思 P1、手持 RTK 等设备硬件； 3. 大疆智图和清华山维 EPS 无人机测绘内业数据处理软件		
实训过程记录			

参 考 文 献

[1] 吴献文 . 无人机测绘技术基础 [M]. 北京：北京交通大学出版社，2019.

[2] 速云中，凌培田 . 无人机测绘技术 [M]. 武汉：武汉大学出版社，2022.

[3] 龚涛 . 摄影测量学 [M]. 成都：西南交通大学出版社，2014.

[4] 刘含海 . 无人机航测技术与应用 [M]. 北京：机械工业出版社，2020.

[5] 王冬梅 . 无人机测绘技术 [M]. 武汉：武汉大学出版社，2020.

[6] 万刚，余旭初，布树辉，等 . 无人机测绘技术及应用 [M]. 北京：测绘出版社，2015.

[7] 方子岩，唐健林，董向勇 . 摄影测量学 [M]. 武汉：长江出版社，2013.

[8] 刘先林 . 测绘仪器装备学术文集 [M]. 北京：中国科学技术出版社，2011.

[9] 段延松 . 无人机测绘生产 [M]. 武汉：武汉大学出版社，2019.

[10] 郭学林 . 航空摄影测量外业 [M]. 郑州：黄河水利出版社，2011.

[11] 纪颖波 . 无人机技术智能测绘 [M]. 北京：机械工业出版社，2024.

[12] 耿则勋，张保明，范大昭 . 数字摄影测量学 [M]. 北京：测绘出版社，2010.

[13] 陈翰新，何德平，向泽君 . 测绘兵器谱 [M]. 北京：测绘出版社，2019.

[14] 刘仁钊，马啸 . 无人机倾斜摄影测绘技术 [M]. 武汉：武汉大学出版社，2021.

[15] 王志勇，张继贤，黄国满 . 数字摄影测量新技术 [M]. 北京：测绘出版社，2012.

[16] 丁华，李如仁，徐启程 . 数字摄影测量及无人机数据处理技术 [M]. 北京：中国建材工业出版社，2018.

[17] 邱春霞，张春森，张东海 . 摄影测量学 [M]. 西安：西安交通大学出版社，2023.

[18] 吕翠华，杜卫钢，万保峰，等 . 无人机航空摄影测量 [M]. 武汉：武汉大学出版社，2022.